PLC 프로그램 실전 연습문제집

임근호, 김성철, 최민환 지음

MITSUBISHI

BM 주식회사 성안당
도서출판
www.cyber.co.kr

■ 도서 A/S 안내

성안당에서 발행하는 모든 도서는 저자와 출판사, 그리고 독자가 함께 만들어 나갑니다.

좋은 책을 펴내기 위해 많은 노력을 기울이고 있습니다. 혹시라도 내용상의 오류나 오탈자 등이 발견되면 "좋은 책은 나라의 보배"로서 우리 모두가 함께 만들어 간다는 마음으로 연락주시기 바랍니다. 수정 보완하여 더 나은 책이 되도록 최선을 다하겠습니다.

성안당은 늘 독자 여러분들의 소중한 의견을 기다리고 있습니다. 좋은 의견을 보내주시는 분께는 성안당 쇼핑몰의 포인트(3,000포인트)를 적립해 드립니다.

잘못 만들어진 책이나 부록 등이 파손된 경우에는 교환해 드립니다.

저자 문의 e-mail : limgh805@hanmail.net(임근호)

본서 기획자 e-mail : coh@cyber.co.kr(최옥현)

홈페이지 : http://www.cyber.co.kr   전화 : 031) 950-6300

머리말
Preface

주변에서 일어날 법한 이야기를 인간이 알아들을 수 있게 써놓은 것을 수필 또는 소설이라고 할 수 있을 것 같다. 이 일어날 법한 이야기를 컴퓨터가 알아들을 수 있게 컴퓨터 언어로 써놓은 것을 컴퓨터 프로그램이라고 하고 PLC가 알아들을 수 있게 PLC언어로 써놓은 것을 PLC프로그램이라고 할 수 있다. 일어날 수 있는 이야기는 시나리오에 해당한다. 인간이 읽는 소설이나 수필에서는 論理가 약간 부족해도 그 글을 읽는 사람이 알아서 이해할 수 있지만 컴퓨터 또는 PLC는 論理가 부족하면 사람처럼 알아서 이해할 수는 없다. 조금만 세월이 흐르면 AI(Artificial Intelligence)가 부족한 논리를 사람보다 더 잘 이해할 수 있다고 느껴지기는 하지만, 기계어에서는 앞뒤 論理가 정확하게 맞아야 한다.

인간의 소설이나 수필에서는 의미를 표현하기 위해서 단어, 문장, 기호, 그림 등을 직설(直說)로 또는 역설(逆說)로 다양한 방법을 사용한다. 그러나 기계어에서는 의미 표현을 숫자로만 한다. 맞으면 true, 틀리면 false, true는 1이고 false는 0이다. 컴퓨터 프로그램을 하기 위해서 프로그램 첫 부분에서 하는 것은 변수 type 선언이며, boolean, byte, integer 등의 변수 type이 기계어에서 의미를 표현할 때 숫자를 저장할 범위이다. PLC에서도 bit, byte, word 등이 연산하고 그 결과를 저장하는 저장 범위이다. A접점, B접점, 그리고 출력코일을 래더에서 연결하는 것, 와이어링하는 것이 0부터 1까지 또는 0부터 워드까지 연산 결과를 저장하는 과정이며 이것이 PLC프로그램이다.

단어를 많이 알고 세련된 문장들을 사용하여 말을 하거나 글을 쓰면 그것이 우리말이든 외국어이든 잘한다고 할 수 있을 것이다. 기계어에서도 마찬가지라고 생각한다. 좋은 문장, 즉 간결하지만 짜임새 있는 문구로 프로그램 한다면 좋은 프로그램이라고 할 수 있다. 물론 기계어에서는 프로그램이 복잡해도, 군더더기가 많아도 결과가 맞게 나오면 동작하는데 아무런 지장이 없기는 하지만 말이다.

기계어로 많은 소설을, 수필을 써봐야 새로운 소설을 쓸 때, 즉 프로그램을 새로 할 때, 기존의 아이디어를 참조하여 자연스럽게 쓸 수 있을 것이다. 이 책의 연습 내용도 독자들의 소설에서, 즉 프로그램에서 마중물이 될 수 있도록 실제로 프로젝트를 했던 내용에서 선별했으며 독자들의 프로젝트에 한 톨의 씨앗이 되기를 참된 마음으로 바라본다.

저자 드림

차례
Contents

차례
Contents

타이머와 카운터

```
* ***********************************************************
* [01] 타이머와 카운터
* ***********************************************************


* 1.카운팅
        SM400      M0       SM412                                    K10
   0 ────┤├───────┤├───────┤├──────────────────────────────────────(C0     )─
        항시ON    switch    1초클럭                                   카운터01


* 2.타이머
        SM400      C0                                               K10
  11 ────┤├───────┤├──────────────────────────────────────────────(T0     )─
        항시ON    카운터01                                          타이머


* 3.출력
        SM400      T0
  18 ────┤├───────┤├───────────────────────────────────────────────(Y20    )─
        항시ON    타이머                                             출력


* 4.Reset
        SM400      Y20                                              K50
  22 ────┤├───┬───┤├──────────────────────────────────────────────(T1     )─
        항시ON │   출력                                            리셋
              │
              │    T1
              └───┤├─────────────────────────────────────────[RST   C0     ]─
                  리셋                                               카운터01


  36 ─────────────────────────────────────────────────────────────[END    ]─
```

* **
* [02] 누적타이머-D태그 사용
* **

* 누적타이머

```
        SM400
0      ─┤ ├──┤>    D2      K0 ┤────────M0──SM412──────────[INCP   D1  ]
        항시ON     목표타임              switch 1초클럭             누적타임

                              ┤>    D1      D2 ┤──────────────(M1   )
                                    누적타임  목표타임                   타이머01

        M2
       ─┤↑├────────────────────────────────────[MOV    K0    D1  ]
        타이머01                                            누적타임
        리셋

                                                 ─────────[RST    M2  ]
                                                              타이머01
                                                              리셋

24    ──────────────────────────────────────────────[END  ]
```

* ***
* [03] 누적타이머-ST
* ***

* PLC Paramter/Device/Retentive timer ST 지정 후 사용가능

```
                SM400     SM400      M0                                          K60
  0 ─────┬──────┤ ├───────┤ ├───────┤ ├──────────────────────────────────────(ST0  )─┤
         │     항시ON    항시ON     switch                                    누적타이
         │                                                                     머00
         │
         │                           M1
         │               ┌───────────┤ ├──────────────────────────[RST    ST0   ]─┤
         │               │          Reset                                 누적타이
         │               │                                                 머00
         │               │
         │               └──────────────────────────────────────[MOV    ST0    D0 ]─┤
         │                                                               누적타이
         │                                                                머00
         │
         │                ST0
         └────────────────┤ ├──────────────────────────────────────────────(L0  )─┤
                          누적타이
                           머00

                SM400      M10                                               K600
 25 ─────┬──────┤ ├───────┤ ├──────────────────────────────────────────(ST999 )─┤
         │     항시ON     switch                                         누적타이
         │                                                               머1000
         │
         └──────────────────────────────────────────────────[MOV    ST999   D9 ]─┤
                                                                    누적타이
                                                                     머1000

 35 ──────────────────────────────────────────────────────────────────[END     ]─┤
```

* ***
* [03] 실행화면
* ***

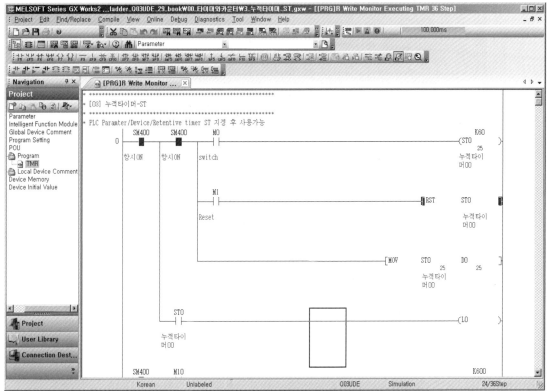

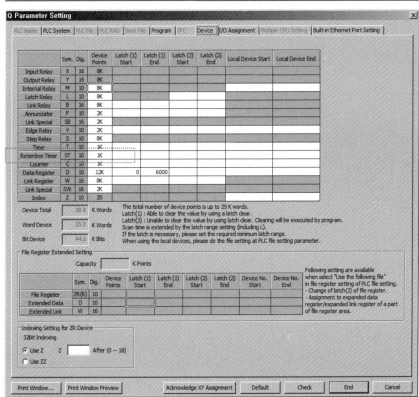

스위치(토글)

```
* ***********************************************************
* [01] 토글스위치, 시퀀스 타입
* ***********************************************************


* 1.토글 스위치01 / 02
          SM400      X0                                                    ┌PLS    M1   ┐
    0 ─────┤├────────┤├──────────────────────────────────────────────────────        구동미분
          항시ON     스위치00                                                          출력01


                     M1        M2
                     ┤├────────┤╱├──────────────────────────────────────────────(M2   )
                     구동미분   토글스위                                              토글스위
                     출력01    치01                                                  치01


                     M1        M2
                     ┤╱├───────┤├
                     구동미분   토글스위
                     출력01    치01


          SM400      X1                                                    ┌PLS    M3   ┐
   17 ─────┤├────────┤├──────────────────────────────────────────────────────        구동미분
          항시ON     스위치01                                                          출력02


                     M3        M4
                     ┤├────────┤╱├──────────────────────────────────────────────(M4   )
                     구동미분   토글스위                                              토글스위
                     출력02    치02                                                  치02


                     M3        M4
                     ┤╱├───────┤├
                     구동미분   토글스위
                     출력02    치02


* 2.출력처리
          SM400      M2        X4
   30 ─────┤├────────┤├────────┤╱├──────────────────────────────────────────────(Y20  )
          항시ON     토글스위   비상정지                                             출력20
                     치01


   35 ─────────────────────────────────────────────────────────────────────┌END   ┐
```

```
* ************************************************************
* [02] 토글스위치, 명령어 FF 사용
* ************************************************************


* 1.토글 스위치01
           SM400      X0                                                    ┌FF      M1      ┐
    0      ─┤├─      ─┤├────┬──────────────────────────────────────────    └        내부스위  ┘
           항시ON    스위치00 │                                                      치01

                             │  X1                                           ┌FF      M2      ┐
                             └─┤├───────────────────────────────────────    └        내부스위  ┘
                               스위치01                                               치02


* 2.출력처리
           SM400      M1       X4                                                   (Y20    )
   13      ─┤├─      ─┤├────┬──┤/├────────────────────────────────────────          출력20
           항시ON    내부스위  │  비상정지
                     치01     │
                             │  M2       X4                                         (Y21    )
                             └─┤├────┤/├─────────────────────────────────          출력21
                               내부스위  비상정지
                               치02


   23      ──────────────────────────────────────────────────────────────  ┌END     ┐
                                                                            └        ┘
```

```
* **********************************************************
* [03] 토글스위치, 연산자 MOD 사용
* **********************************************************


* 1.토글 스위치신호생성
        SM400      X0
 0 ──┤├──────┤├─────────────────────────────────[INCP    D0      ]
     항시ON    스위치00                                     스위치용


        ┌[>=     D0      K2     ]───────────────[MOV    K0     D0     ]
                 스위치용                                      스위치용


        ├─────────────────────────────[/      D0     K2     D2     ]
                                                스위치용            몫


        └[=      D3      K1     ]───────────────────────────(M1    )
                 나머지                                          내부스위
                                                              치01

* 2.출력
        SM400      M1        L4
23 ──┤├──────┤├──────┤/├──────────────────────────────(Y21   )
     항시ON    내부스위   비상정지                              출력01
             치01


28 ───────────────────────────────────────────────[END    ]
```

```
* **********************************************************
* [04] 토글스위치, 비교연산자 사용
* **********************************************************


* 1.토글 스위치01 입력확인
         SM400      X0                                                      ┌INCP    D0        ┐
    0 ───┤├────────┤├──────────────────────────────────────────────────────        스위치용
         항시ON    스위치00



* 2.비교
         SM400
    8 ───┤├───┌>=   D0        K2    ┐─────────────────────────────────────┌MOV    K0        D0        ┐
         항시ON      스위치용                                                                스위치용



              ┌=    D0        K1    ┐──────────────────────────────────────────────────────(M1       )
                    스위치용                                                                 내부스위
                                                                                           치01


* 3.출력
         SM400      M1        L4                                                             (Y21      )
   21 ───┤├────────┤├────────┤/├───────────────────────────────────────────────────────────출력21
         항시ON    내부스위   비상정지
                  치01



   26 ──────────────────────────────────────────────────────────────────────────────────┌END       ┐
```

01 스위치(토글) · **19**

* **
* [05] 토글스위치, DECO
* **

* 1.토글 스위치01 입력확인
```
      SM400      X0
0 ────┤ ├──────┤ ├─────────────────────────────[INCP    D0      ]
      항시ON    스위치01                                   스위치01
```

* 2.비교 & Decoding [S, D, 2^n]
```
      SM400
8 ────┤ ├───[>=    D0      K2   ]──────────────[MOV    K0      D0      ]
      항시ON        스위치01                                   스위치01


                                              [DECO   D0      M0      K1   ]
                                                      스위치01
```

* 3.출력
```
      SM400      M1      L4
21 ───┤ ├──────┤ ├─────┤/├──────────────────────────────────(Y21     )
      항시ON    스위치01  비상정지                                출력01



26 ──────────────────────────────────────────────────────[END    ]
```

 입력 필터링 처리

* **
* [01] 입력 필터링 처리 타이머 사용
* **

* 필터링처리

```
      SM400      X0                                              K10
 0 ───┤├───────┤├──────────────────────────────────────────────( T0    )
      항시ON    수위센서                                          수위센서
                01                                               01

                T0
          ┌────┤├──────────────────────────────────────────────( M1    )
                수위센서                                          수위센서
                01                                               01


14 ──────────────────────────────────────────────────────────────[END    ]
```

* ***
* [02] 입력 필터링 처리 D태그 사용
* ***

* 필터링처리

```
      SM400    SM400     X0      SM411                              ┌[INCP    D1     ┐
0     ┤├       ┤├        ┤├      ┤├                                  시간누적
      항시ON    항시ON    수위센서  0.2 cloc
               │         01      k
               │
               │         X0                                        ┌[MOV   K0    D1    ┐
               │         ┤/├                                                    시간누적
               │         수위센서
               │         01
               │
               └[>   D1       K20      ]─────────────────────────────(M1     )
                     시간누적                                          저수위센
                                                                      서

21    ─────────────────────────────────────────────────────────────[END    ┐
```

02 입력 필터링 처리 · **23**

```
* ************************************************************
* [03] 필터
* ************************************************************


1. Word필터
                                                    <16진수                >
       SM400    L0
  0 ───┤ ├─────┤↑├──────────────────────────[WAND    H1      K4L0   ]
       항시ON


                L1
         ─────┤↑├──────────────────────────[WAND    H2      K4L0   ]

                L2
         ─────┤↑├──────────────────────────[WAND    H4      K4L0   ]

                L3
         ─────┤↑├──────────────────────────[WAND    H8      K4L0   ]

                                                    <10진수                >
       SM400    L4
 37 ───┤ ├─────┤↑├──────────────────────────[WAND    K16     K4L0   ]
       항시ON


                L5
         ─────┤↑├──────────────────────────[WAND    K32     K4L0   ]

2. Double word필터
       SM400    L16
 53 ───┤ ├─────┤↑├──────────────────────────[DAND    H10000    K8L0 ]
       항시ON


                L21
         ─────┤↑├──────────────────────────[DAND    H200000   K8L0 ]

                L26
         ─────┤↑├──────────────────────────[DAND    H4000000  K8L0 ]

                L31
         ─────┤↑├─────────────────────[DAND    H80000000      K8L0 ]

 89 ─────────────────────────────────────────────────[END   ]
```

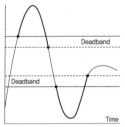

03

 ## 데드밴드(deadband)

```
* **************************************************************
* [01] 접점입력 데드밴드
* **************************************************************


* 1.신호생성

        SM400      B1                                          K10
  0 ─────┤├───────┤├─────────────────────────────────────────(T2  )─┤
        항시ON    과수위                                       과수위
                   │
                   │  B2                                        K10
                   └──┤├─────────────────────────────────────(T1  )─┤
                      저수위                                   저수위


* 2.Deadband신호처리

        SM400      T1      T2                                 ┌RST  M10 ┐─┤
 77 ─────┤├───────┤├──────┤├──────────────────────────────── │      내부스위│
        항시ON    저수위   과수위                              └          치 ┘
                   │
                   │  T1      T2                              ┌SET  M10 ┐─┤
                   └──┤/├─────┤/├───────────────────────────  │      내부스위│
                      저수위   과수위                          └          치 ┘


* 3.출력

        SM400      M10                                         (Y0  )─┤
 87 ─────┤├───────┤├──────────────────────────────────────────펌프
        항시ON    내부스위
                  치


 91 ──────────────────────────────────────────────────────── ┌END ┐─┤
```

* ***
* [02] 아날로그 입력의 접점처리 데드밴드
* ***

* 1.신호생성,필터링 사용

```
         SM400                                                              K10
  0 ─────┤├──────┬──[>   D100      K80   ]─────────────────────────────────(T2  )─┤
         항시ON  │      아날로그                                            과수위
                 │      값01
                 │
                 │                                                          K10
                 └──[>   D100      K60   ]─────────────────────────────────(T1  )─┤
                        아날로그                                           저수위
                        값01
```

* 2.Deadband신호처리

```
         SM400    T1       T2
 81 ─────┤├──┬────┤├───────┤├───────────────────────────────────[RST   M10  ]─┤
         항시ON │  저수위    과수위                                      내부스위
               │                                                        치
               │
               │   T1       T2
               └───┤/├──────┤/├──────────────────────────────────[SET   M10  ]─┤
                   저수위    과수위                                      내부스위
                                                                        치
```

* 3.출력

```
         SM400    M10
 91 ─────┤├───────┤├─────────────────────────────────────────────────────(Y0  )─┤
         항시ON   내부스위                                                 펌프
                  치
```

```
 95 ─────────────────────────────────────────────────────────────────────[END ]─┤
```

```
* ************************************************************
* [03] 아날로그 입력 데드밴드
* ************************************************************


* 1.신호생성
        SM400
   0    ┤├──┬─[>    D100      K80    ]───────────────────────[RST   M10    ]
        항시ON │      아날로그                                        내부스위
               │      값01                                           치
               │
               └─[<    D100      K30    ]───────────────────────[SET   M10    ]
                      아날로그                                        내부스위
                      값01                                           치

* 2.출력
        SM400      M10
  75    ┤├──────┤├─────────────────────────────────────────────────(Y0    )
        항시ON    내부스위                                            펌프
                 치


  79    ─────────────────────────────────────────────────────────[END    ]
```

사용자 Pulse 생성

```
* ************************************************************
* [01] 사용자 펄스-타이머
* ************************************************************


* 1.펄스생성

        SM400      T2                                           K10
    0 ───┤├────────┤/├──────────────────────────────────────(T1      )
         항시ON    타이머02                                    타이머01


                   T1                                            K12
              ─────┤├──────────────────────────────────────(T2      )
                   타이머01                                   타이머02


* 2.출력

        SM400      T1
   77 ───┤├────────┤├──────────────────────────────────────(Y20     )
         항시ON    타이머01


   81 ──────────────────────────────────────────────────────[END    ]
```

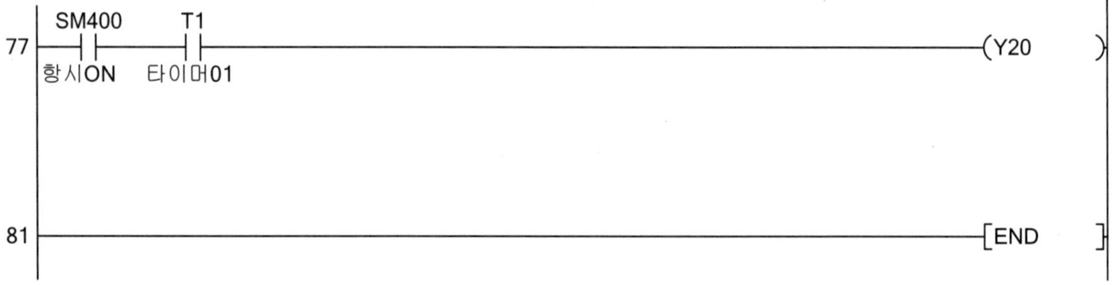

* **
* [02] 사용자 펄스-INCP
* **

* 1.숫자증가

```
        SM400    SM412
   0    ─┤├──────┤↑├────────────────────────────────[INCP    D0      ]
        항시ON   1초클럭                                       숫자증가


        ┌─[>      D0       K1000   ]──────────────[MOV    K0      D0      ]
                  숫자증가                                            숫자증가
```

* 2.나머지 구함

```
        SM400
  75    ─┤├──┬─────────────────────────────[/     D0       K2      D10     ]
        항시ON│                                    숫자증가          몫
              │
              ├─────────────────────────────[MOV   D10      D13     ]
              │                                     몫       몫
              │
              └─────────────────────────────[MOV   D11      D14     ]
                                                   나머지    나머지
```

* 3.활용

```
        SM400
  84    ─┤├──[=    D14      K0      ]──────────────────────────(M1    )
        항시ON      나머지                                           펄스01


  90    ─────────────────────────────────────────────────[END     ]
```

```
* ***********************************************************
* [03] 사용자 펄스-비교문
* ***********************************************************


* 1.숫자증가

        SM400   SM412
   0 ────┤├──────┤↑├──────────────────────────────[INCP    D0    ]
        항시ON   1초클럭                                      숫자증가


        ┌>      D0      K4    ├───────────────────[MOV    K0    D0    ]
                숫자증가                                              숫자증가


* 2.나머지 구함
        SM400
  75 ────┤├──┬──[=      D0      K0    ├──────────────────────(M0    )
        항시ON │          숫자증가                                 신호01


           ├──[=      D0      K1    ├──────────────────────(M1    )
                      숫자증가                                 신호02


           ├──[=      D0      K2    ├──────────────────────(M2    )
                      숫자증가                                 신호03


           └──[=      D0      K3    ├──────────────────────(M3    )
                      숫자증가                                 신호03


  97 ────────────────────────────────────────────────[END    ]
```

```
* ************************************************************
* [04] 사용자 펄스-비교문과 DECO
* ************************************************************


* 1. 숫자증가

       SM400    SM412                                              ┌INCP    D0        ┐
  0    ─┤ ├─────┤↑├──────────────────────────────────────────────┤        숫자증가    ├
       항시ON   1초클럭
                                                                   ┌MOV     K1        D0      ┐
                  ┌>      D0       K4     ┐──────────────────────┤        숫자증가            ├
                          숫자증가


* 2. Decoding [S, D, 2^n]

       SM400                                                       ┌DECO    D0        M0      K2 ┐
 75    ─┤ ├──────────────────────────────────────────────────────┤        숫자증가               ├
       항시ON


* 3. 출력

       SM400    M0                                                                    (Y10    )
 81    ─┤ ├─────┤ ├──────────────────────────────────────────────────────────────────

                M1                                                                    (Y11    )
               ─┤ ├──────────────────────────────────────────────────────────────────

                M2                                                                    (Y12    )
               ─┤ ├──────────────────────────────────────────────────────────────────

                M3                                                                    (Y13    )
               ─┤ ├──────────────────────────────────────────────────────────────────


* 4. 참조

       SM400    M4                                                                    (Y14    )
 95    ─┤ ├─────┤ ├──────────────────────────────────────────────────────────────────
       항시ON


 99    ───────────────────────────────────────────────────────────────────────────[END  ]
```

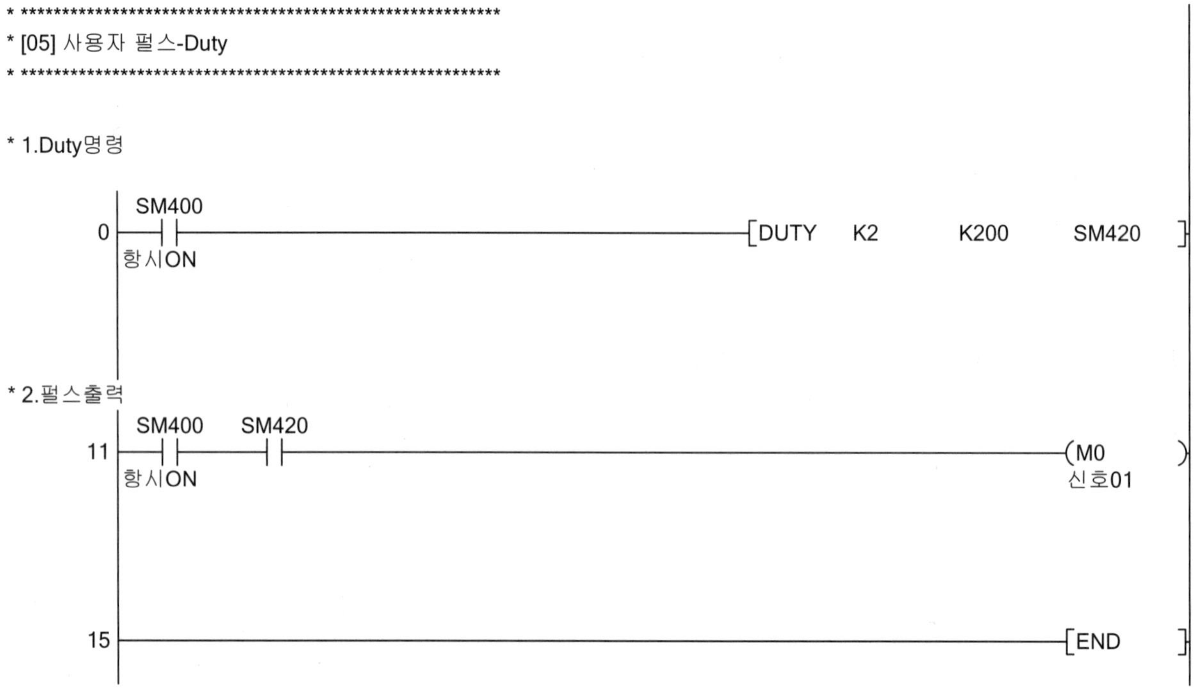

```
* ***********************************************************
* [05] 사용자 펄스-Duty
* ***********************************************************


* 1.Duty명령

        SM400
  0    ─┤ ├──────────────────────────────────[DUTY    K2        K200      SM420  ]
       항시 ON


* 2.펄스출력

        SM400    SM420
 11    ─┤ ├──────┤ ├──────────────────────────────────────────────( M0    )
       항시 ON                                                        신호01


 15   ──────────────────────────────────────────────────────────[END    ]
```

단위	Bit	Byte	Word	Block
교환	FF	SWAP	XCH	BXCH

 교환

1. Bit-FF
2. Byte-SWAP
3. Word-XCH
4. Block word-BXCH(실행화면)

```
* ************************************************************
* [01] Bit 교환
* ************************************************************

        SM400    X0
  0 ───┤├─────┤├──┬──────────────────────────────[FF    L0      ]
        항시ON      │
                  │
                  │
                  └───────────────────────────────[FF    D0.3    ]


  9 ──────────────────────────────────────────────[END           ]
```

```
* ************************************************************
* [02] Byte 교환
* ************************************************************


* SWAP-Byte swap 전용명령
           SM400      L1
      0 ──┤ ├────────┤ ├──┬──────────────────────────────────[MOV    D0      D1    ]
          항시ON     스위치 │
                           │
                           │
                           ├──────────────────────────────────[MOV    D0      K4B0  ]
                           │
                           ├──────────────────────────────────[MOV    K4B0    K4B10 ]
                           │   SM400
                           └──┤ ├──┬───────────────────────────[SWAP   D1     ]
                              항시ON │
                                    │
                                    │
                                    └───────────────────────────[SWAP   K4B10 ]

           SM400
     75 ──┤ ├──────────────────────────────────────────────────[RST    L1    ]
          항시ON                                                        스위치


     77 ───────────────────────────────────────────────────────[END   ]
```

```
* *********************************************************
* [03] Word 교환, XCH
* *********************************************************

0   SM400        L1
    ├─┤ ├────┤ ├──┬──────────────────────────[XCH    D0      D4  ]
    항시 ON      스위치  │
                        │
                        │
                        │
                        └──────────────────────[RST    L1  ]
                                                       스위치


67  ─────────────────────────────────────────────[END ]
```

* **

* [04] Block 교환

* **

* Word 블록 교환 [S D n]

```
        SM400      L1
   0     ┤├────────┤├────┬──────────────────────────[BXCH    D0       D10       K5    ]
        항시ON    스위치  │
                          │
                          │
                          └──────────────────────────[RST     L1    ]
                                                               스위치


  69     ─────────────────────────────────────────────[END    ]
```

```
* *************************************************************
* 반복문 사용 메모리 초기화 D0~D9
* *************************************************************


* 1.초기화
        SM400        M2
   0    ┤├──────────┤├──────────────────────────────────[MOV    K0       Z0    ]
       항시ON       메모리초
                    기화


* 2.반복문
   8    ───────────────────────────────────────────────[FOR    K10            ]

        SM400        M2
  11    ┤├──────────┤├────────┬─────────────────────────[MOV    Z0       D0Z0  ]
       항시ON       메모리초   │
                    기화      │
                             │
                             └──────────────────────────[INC    Z0             ]

  16    ───────────────────────────────────────────────[NEXT                   ]

3.Reset
        SM400
  17    ┤├─────────────────────────────────────────────[RST    M2             ]
       항시ON                                                  메모리초
                                                              기화


  25    ───────────────────────────────────────────────[END                    ]
```

```
* ***********************************************************
* [04] 실행화면
* ***********************************************************
```

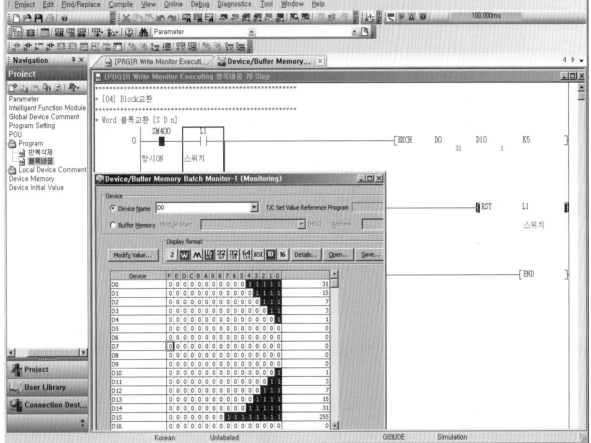

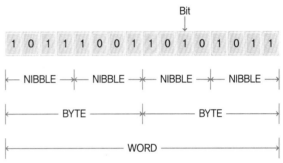

 Word를 Bit로, Bit를 Word로 사용

1. Word를 Bit로 사용, DECO(실행화면)
2. Bit를 Word로 사용, ENCO(실행화면)

```
* *********************************************************
* [01] Word를 Bit로 사용
* *********************************************************


* 1. Word의 Bit지정
            SM400      D0.0
      0 ─────┤├────────┤├──────────────────────────────────(M0      )
            항시ON

                       D0.1
                       ┤├──────────────────────────────────(M1      )

                       D0.2
                       ┤├──────────────────────────────────(D1.0    )

                       D0.3
                       ┤├──────────────────────────────────(D1.1    )

* 2. Word decoding [S D n]
            SM400
     75 ─────┤├──────────────────────────[DECO    D0      M0      K4     ]
            항시ON


* 3. Reset-Word
            SM400      L1
     81 ─────┤├────────┤├──────────────────────────[RST         D0     ]
            항시ON


 4. Reset-Bit
            SM400      L2
     86 ─────┤├────────┤├──────────────────────────[RST         D0.1   ]
            항시ON


            SM400
     97 ─────┤├──────────────────────────────[MOV     K0      K1L0   ]
            항시ON


    101 ─────────────────────────────────────────────────[END        ]
```

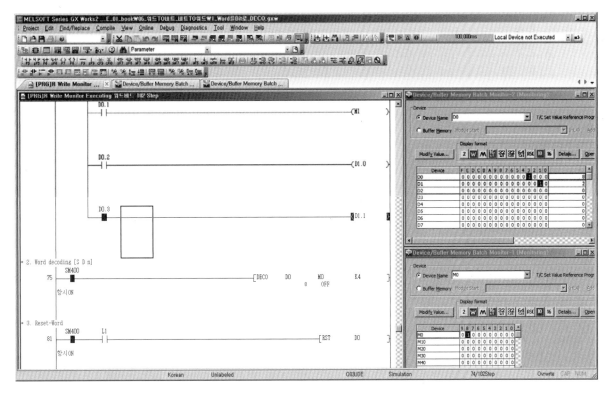

```
* ************************************************************
* [02] Bit를 Word로 사용
* ************************************************************


* 1. Nibble단위 워드변환
        SM400
    0   ──┤├──────────────────────────────────────────┤MOV    K4M0    D1    ┤
        항시ON


                                                       ┤MOV    K4L0    D2    ┤
                                                                      On되어있
                                                                      는최상비
                                                                      트번호


                                                       ┤MOV    K4B0    D4    ┤

                                                       ┤MOV    K4X0    D6    ┤

                                                       ┤MOV    K4Y0    D8    ┤

                                                       ┤MOV    W0      D10   ┤

* 2. 최상의 On비트 검색  ENCO [S D n]
        SM400
   75   ──┤├──┤>   K4L0   K0  ├──────────────┤ENCO   L0    D2     K4    ┤
        항시ON                                                  On되어있
                                                              는최상비
                                                              트번호


   84   ───────────────────────────────────────────────────────┤END   ┤
```

* **
* [02] 실행화면
* **

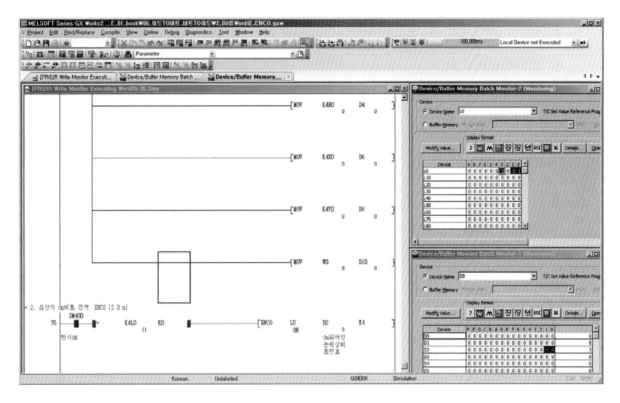

 가장 큰 수 찾기

```
* *************************************************************
* [01] 가장 큰 수 찾기 - MAX 명령
* *************************************************************

* MAX  [S R n]
        SM400
    0 ──┤├──────────────────────────────────────[MAX    D0      D10      K5      ]
      항시ON


   67 ────────────────────────────────────────────────────────[END     ]
```

```
* ************************************************************
* [01] 실행화면
* ************************************************************
```

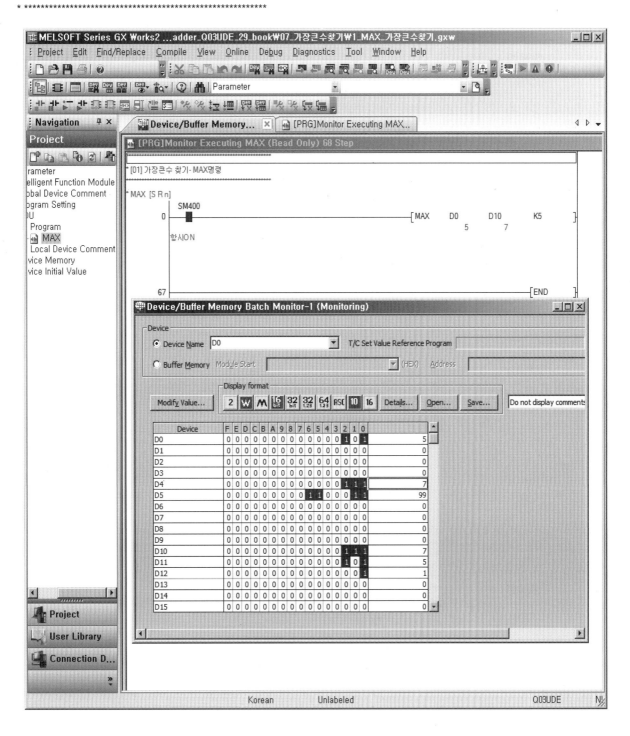

```
* ************************************************************
* [02] 가장 큰 수 찾기- 사용자 직접 찾기
* ************************************************************


* 1-2에서 큰수 찾기
          SM400
    0      ─┤ ├──┌[>=    D1      D2      ]───────────────────┤MOV    D1      D12    ]
          항시ON                                                             Max



                 └┌[<=    D1      D2      ]───────────────────┤MOV    D2      D12    ]
                                                                             Max




* 3번과비교
          SM400
   75      ─┤ ├──┌[>=    D3      D12     ]───────────────────┤MOV    D3      D12    ]
          항시ON         Max                                                  Max



* 4번과비교
          SM400
   82      ─┤ ├──┌[>=    D4      D12     ]───────────────────┤MOV    D4      D12    ]
          항시ON         Max                                                  Max



* 5번과비교
          SM400
   89      ─┤ ├──┌[>=    D5      D12     ]───────────────────┤MOV    D5      D12    ]
          항시ON         Max                                                  Max



* 6번과비교
          SM400
   96      ─┤ ├──┌[>=    D6      D12     ]───────────────────┤MOV    D6      D12    ]
          항시ON         Max                                                  Max



  103      ──────────────────────────────────────────────────────────────┤END    ]
```

```
* ***********************************************************
* [02] 실행화면
* ***********************************************************
```

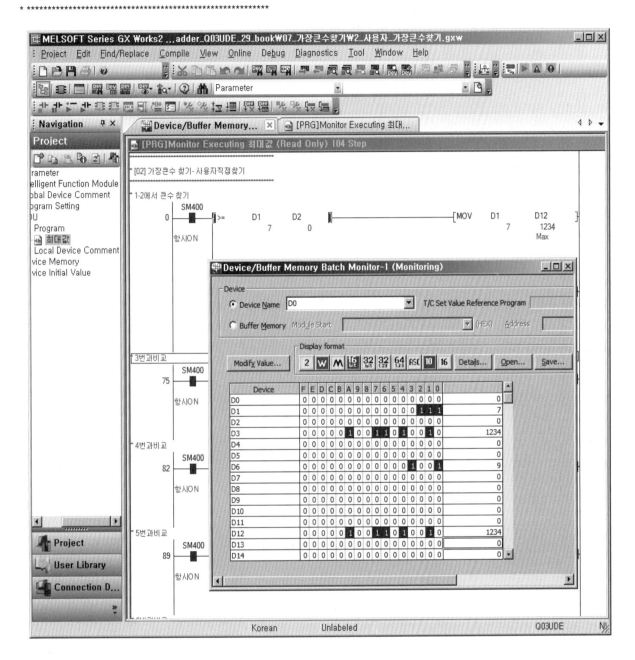

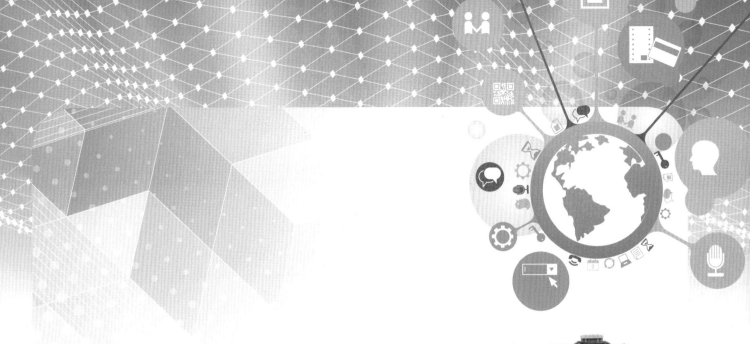

 스톱워치

```
* **********************************************************
* [01] 스톱워치 0.1초
* **********************************************************


* 1.Start
           SM400      L0
      0    ──┤├──────┤↑├──┬─────────────────────────────[SET    L1      ]
           항시ON    Start │                                      진행중
                         │
                         │
                         │
                         └────────────────────────[MOV    K0    D0      ]
                                                                  증가시간


* 2.시간경과 진행
           SM400      L0                                          K6000
      67   ──┤├──────┤├───┬────────────────────────────────────(T6      )
           항시ON    Start │
                         │
                         │
                         └────────────────────────[MOV    T6    D0      ]
                                                                  증가시간


* 3.Stop
           SM400      L0
      76   ──┤├──────┤↓├──────────────────────────────[RST    L1      ]
           항시ON    Start                                    진행중


      80   ──────────────────────────────────────────────[END    ]
```

```
* ***********************************************************
* [02] 스톱워치 0.01초 CPU에 따라서 다름
* ***********************************************************


* 1.Start
        SM400      L0
     0  ──┤├───────┤↑├─────────────────────────────[SET    L1        ]
        항시ON    Start                                     진행중
                    │
                    │
                    └────────────────────────────[MOV    K0    D0    ]
                                                                 증가시간


* 2.시간경과 진행
        SM400      L0      SM409
    67  ──┤├───────┤├───────┤↑├──────────────────[INCP    D0        ]
        항시ON    Start    0.01초타                       증가시간
                            이머


* 3.Stop
        SM400      L0
    73  ──┤├───────┤/├──────────────────────────[RST    L1        ]
        항시ON    Start                                    진행중


    77  ──────────────────────────────────────────[END       ]
```

CHANGE

09

숫자 변경 감지

```
* *************************************************************
* [01] 숫자 변경 감지
* *************************************************************


* 1.변경감지
          SM400
    0 ─────┤ ├────[<>    D1      D2    ]─────────────────────[MOV    D1      D2    ]
          항시ON                                             [SET    M2    ]
                                                                     변경알림
                                                                     신호


* 2.Reset
          SM400    M2                                              K20
   69 ─────┤ ├─────┤ ├──────────────────────────────────────────(T1    )
          항시ON  변경알림
                 신호

                  T1
                ──┤ ├─────────────────────────────────────────[RST    M2    ]
                                                                     변경알림
                                                                     신호


   80 ──────────────────────────────────────────────────────────[END    ]
```

```
* ************************************************************
* [02] Bit 변경 감지
* ************************************************************


* 1.변경감지
         SM400      L0                                              ┌SET   M2
    0 ───┤ ├───┬───┤↑├───┬──────────────────────────────────────────      변경알림
        항시ON   │         │                                               신호
                │         │
                │    L0   │
                └───┤↓├───┘


* 2.Reset
         SM400      M2                                                      K20
   67 ───┤ ├───┬───┤ ├────────────────────────────────────────────────────(T1    )
        항시ON   │  변경알림
                │  신호
                │
                │    T1                                             ┌RST   M2
                └───┤ ├─────────────────────────────────────────────      변경알림
                                                                           신호


   78 ────────────────────────────────────────────────────────────┌END   ┐
```

Memo

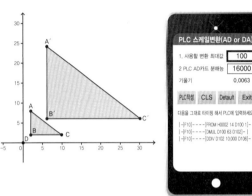

스케일

1. AD 스케일
2. DA 스케일
3. 명령어 SCL 사용

* 소스 다운로드 시 변환 툴 App. Download

```
* ************************************************************
* [01] AD 1차 방정식 스케일링(0~16,000 → 0~200)
* ************************************************************


* 1.Source
         SM400
  0 ──┤├─────────────────────────────────────────[MOV    D10      D100   ]
      항시ON



* 2.스케일링처리 y=a*x
         SM400
  7 ──┤├──────┬──────────────────────────────────[D*     D100     K125     D102  ]
      항시ON    │
               │
               │
               └─────────────────────────────────[D/     D102     K10000   D106  ]


 17 ─────────────────────────────────────────────[END    ]
```

```
* ***********************************************************
* [02] DA 1차 방정식 스케일링(0~100 → 0~16,000)
* ***********************************************************

* 1.Source
          SM400
    0 ─────┤├──────────────────────────────────────────[MOV    D10      D100  ]
          항시ON


* 2.스케일링처리 y=a*x
          SM400
    7 ─────┤├──────┬──────────────────────────[D*     D100    K1600000  D102  ]
          항시ON   │
                   │
                   │
                   │
                   └──────────────────────────[D/     D102    K10000    D106  ]


   17 ────────────────────────────────────────────────────────[END  ]
```

```
* ************************************************************
* [03] SCL-CPU 지원확인 후 사용
* ************************************************************


* 1.Source
        SM400
  0      ┤├                                              ─[MOV    D10      D100  ]
       항시ON



        SM400
  65     ┤├ ┌[<      D1       K0      ]───────────────[MOV    K10      D1    ]
       항시ON │
             │
             │
             └[<      D11      K0      ]───────────────[MOV    K2       D11   ]
* 2.스케일링처리 y=a*x
        SM400
  78     ┤├                               ─[SCL    D1       D11      D21   ]
       항시ON



  84                                                          ─[END  ]
```

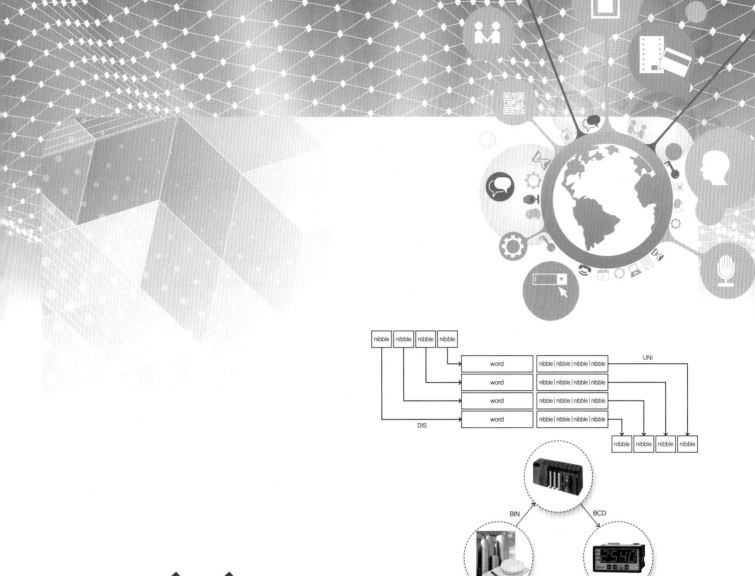

BCD

```
* ***********************************************************
* [01] BIN / BCD
* ***********************************************************


* 1.BCD입력기 → PLC내부(BIN)
         SM400
    0 ────┤├──────────────────────────────[BIN      K4X0      D0      ]
        항시ON
                      │
                      └───────────────────[MOV      K4X0      D3      ]

* 2.PLC D태그값 → BCD Display(BCD출력)
         SM400
    9 ────┤├──────────────────────────────[BCD      D1        K4B0    ]
        항시ON
                      │
                      └───────────────────[MOV      D1        K4B30   ]

   15 ───────────────────────────────────────────────────[END        ]
```

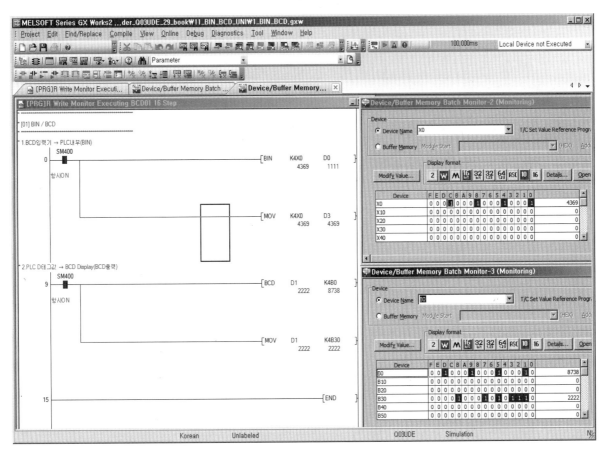

```
* **********************************************************
* [02] UNI / DIS
* **********************************************************


* DIS-4bit disassemble [S D n]
      SM400
  0 ──┤ ├──────────────────────────────────[DIS    K4M0    D0      K4    ]
    항시 ON


  UNI-4bit union  [S D n]
      SM400
  9 ──┤ ├──────────────────────────────────[UNI    D0      D10     K4    ]
    항시 ON



 28 ──────────────────────────────────────────────────────[END   ]
```

* **
* [02] 실행화면
* **

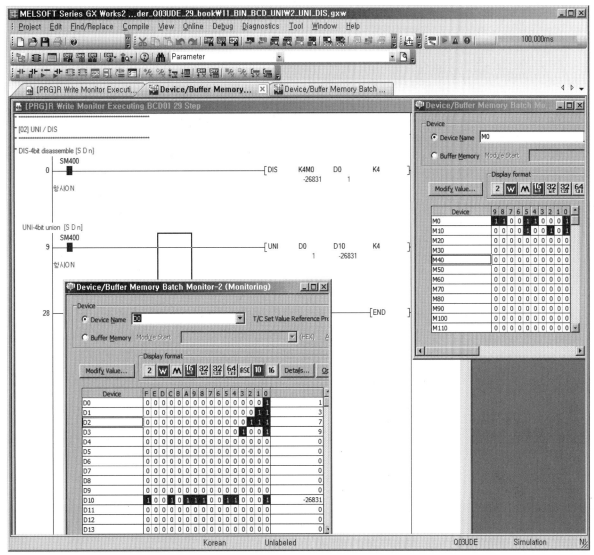

Memo

 종료 지연

```
* *************************************************************
* [01] 종료 지연, 타이머 사용
* *************************************************************


* 1.Off시 지연신호 생성
       SM400        L2
   0 ───┤ ├────────┤↑├──────────────────────────────────[RST    M2      ]
       항시ON       Blower스                                      종료지연
                    위치                                          신호


                    L2
             ────────┤↓├──────────────────────────────────[SET    M2      ]
                    Blower스                                      종료지연
                    위치                                          신호


* 2.스위치지연 시간점검/리셋
       SM400
  69 ───┤ ├──────[<    D100      K600   ]──────────────[MOV    K600   D100   ]
       항시ON          터치에서                                         터치에서
                      설정한시                                         설정한시
                      간                                              간

                     M2                                                    D100
             ─────────┤ ├──────────────────────────────────────────────────(T1    )
                    종료지연                                                OFF타이머
                    신호

                     T1
             ─────────┤ ├────────────────────────────────[RST    M2      ]
                    OFF타이머                                      종료지연
                                                                신호


* 3.출력
       SM400    M0        L2      L4
  86 ───┤ ├─────┤ ├───┬───┤ ├─────┤/├────────────────────────────(Y20   )
       항시ON    수동모드 │   Blower스  비상정지                              Blower
                       │   위치
                       │
                     M2│
             ──────────┤ ├─┘
                    종료지연
                    신호


  94 ─────────────────────────────────────────────────────────[END    ]
```

```
* ************************************************************
* [02] D태그 이용 종료 지연
* ************************************************************


* 1. 종료지연신호생성/리셋
        SM400      L10                                              ┌MOV    K0      D1      ┐
   0 ───┤├─────────┤↑├───────────────────────────────────────────┤                지연타이 │
        항시ON    Blower스                                           └               머시간증 ┘
                   위치                                                                  가

                          ┌──────────────────────────────────────┤RST    M2      ┐
                          │                                        └        종료지연 │
                          │                                                 신호    ┘

                    L10
                   ──┤├──────────────────────────────────────────┤SET    M2      ┐
                  Blower스                                          └        종료지연 │
                   위치                                                      신호    ┘


* 2.시간완료후리셋
        SM400      M2      SM412                                    ┌INCP   D1      ┐
  71 ───┤├────────┤├───────┤├───────────────────────────────────┤                지연타이 │
        항시ON    종료지연  1초클럭                                   └               머시간증 ┘
                  신호                                                                   가

                  ┌[>      D1      D2      ]──────────────────────┤RST    M2      ┐
                  │        지연타이  터치에서                         └        종료지연 │
                  │        머시간증  설정한시                                   신호    ┘
                  │          가       간
                  │                        ──────────────────────┤MOV    K0      D1      ┐
                  │                                                └                지연타이 │
                  │                                                                 머시간증 ┘
                  │                                                                     가

* 3.출력
        SM400      M0      L10      L4                                              (Y20    )
  85 ───┤├────┬───┤├───────┤├───────┤/├────────────────────────────────────────────  Blower
        항시ON │  수동모드  Blower스  비상정지
               │            위치
               │
               │   M2
               └───┤├─────┘
                  종료지연
                  신호


  93 ─────────────────────────────────────────────────────────────────────────────[END    ┐
                                                                                    └       ┘
```

Memo

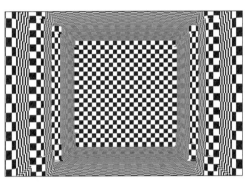

 Master control

```
* ****************************************************
* [01] MC_MCR
* ****************************************************


   시그널생성
         SM400        L0                                          (M0    )
   0     ─┤├──────────┤├─────────────────────────────────────────(      )
         항시ON       자동실행                                      자동실행


                      L1                                          (M1    )
                ──────┤├─────────────────────────────────────────(      )
                      수동실행                                      수동실행


                      L2                                          (M2    )
                ──────┤├─────────────────────────────────────────(      )
                      반자동실                                      반자동실
                      행                                           행


   2.값 Monitor
         SM400                                        ┌[MOV    D0      D10   ]
   20    ─┤├──────────┬────────────────────────────────        자동실행
         항시ON       │                                         중입니다
                      │                                         .
                      │
                      │                              ┌[MOV    D1      D11   ]
                      ├────────────────────────────────        수동실행
                      │                                         중입니다
                      │                                         .
                      │
                      │                              ┌[MOV    D2      D12   ]
                      └────────────────────────────────        반자동실
                                                                행중입니
                                                                다.


* ****************************************
* 가. 자동프로그램
* ****************************************

   1.자동실행 신호가 있을때에만 실행
         SM400       M0                               ┌[MOV    K0      D0    ]
   35    ─┤├─────────┤/├──────────────────────────────        자동실행
         항시ON      자동실행                                   중입니다
                                                               .
```

2.자동실행신호가 있으면 MC~MCR범위내 명령 실행

```
        SM400      M0
61      ┤├────────┤├─────────────────────────────────────[MC    N0    M0
        항시ON    자동실행                                             자동실행


N0   M0
     자동실행


        SM400      SM412
90      ┤├────────┤├─────────────────────────────────────[INCP        D0
        항시ON    1초클럭                                              자동실행
                                                                       중입니다
                                                                        .

94      ────────────────────────────────────────────────[MCR   N0
```

* **
* 나. 수동프로그램
* **

1.수동실행 신호가 있을때에만 실행

```
        SM400      M1
95      ┤├────────┤/├────────────────────────────────────[MOV   K0    D1
        항시ON    수동실행                                             수동실행
                                                                       중입니다
                                                                        .
```

2.수동실행신호가 있으면 MC~MCR범위내 명령 실행

```
        SM400      M1
121     ┤├────────┤├─────────────────────────────────────[MC    N1    M1
        항시ON    수동실행                                             수동실행


N1   M1
     수동실행


        SM400      SM412
150     ┤├────────┤├─────────────────────────────────────[INCP        D1
        항시ON    1초클럭                                              수동실행
                                                                       중입니다
                                                                        .

154     ────────────────────────────────────────────────[MCR   N1
```

13 Master control · **79**

* **
* 다. 반자동프로그램
* **

1.반자동실행 신호가 있을때에만 실행

```
         SM400      M2
155  ─────┤├───────┤/├──────────────────────────────────────[MOV    K0      D2      ]
         항시ON    반자동실                                                  반자동실
                   행                                                        행중입니
                                                                            다.
```

2.반자동실행신호가 있으면 MC~MCR범위내 명령 실행

```
         SM400      M2
182  ─────┤├───────┤├──────────────────────────────────────[MC     N2      M2      ]
         항시ON    반자동실                                                  반자동실
                   행                                                        행


N2 ──┬ M2
     │ 반자동실
     │ 행
     │
     │   SM400     SM412
212  ├────┤├───────┤├─────────────────────────────────────[INCP    D2      ]
     │   항시ON    1초클럭                                           반자동실
     │                                                              행중입니
     │                                                              다.
     │
216  └───────────────────────────────────────────────────[MCR     N2      ]

217  ──────────────────────────────────────────────────────[END     ]
```

```
* ************************************************************
* [02] MC_MCR 내에서 FOR문 실행
* ************************************************************


* 1.시작스위치
          SM400    M80
   0      ─┤├───────┤├────────────────────────────────[PLS    M81    ]
          항시ON   시작스위                                    PLS
                   치


  2.MC start
           M81
   8      ─┤├──────────────────────────────────────────[MC    N0     M82    ]
          PLS                                                         반복문內
                                                                      Flag


  N0 ─┐  M82
      │  반복문內
      │  Flag


  3.반복시작
  18     ──────────────────────────────────────────────[FOR   D18    ]
                                                                반복횟수
                                                                입력

           M82
  27     ─┤├──────────────────────────────────────────[INC    D81    ]
          반복문內
          Flag


  30     ──────────────────────────────────────────────[NEXT   ]

  31     ──────────────────────────────────────────────[MCR   N0     ]

  4.검증
          SM400    M82
  32     ─┤├───────┤├────────────────────────────────[INC    D99    ]
          항시ON   반복문內
                   Flag
                   │
                   └────────────────────────────────[RST    M80    ]
                                                                시작스위
                                                                치


  44     ──────────────────────────────────────────────[END    ]
```

Memo

 Jump goto

```
* ****************************************************************
* [14] Jump
* ****************************************************************


   1.신호가 들어오면 P**라벨로 점프
              M1
     0        ┤├─────────────────────────────────────────────[CJ      P999  ]
            점프신호


            SM400   SM412
    24       ┤├      ┤├────────────────────────────────────[INCP    D11
          항시ON    1초클럭                                           01   ]


  P999      SM400   SM412
    28       ┤├      ┤├────────────────────────────────────[INCP    D12
          항시ON    1초클럭                                           02   ]


                    SM412
                     ┤├────────────────────────────────────[INCP    D13
                   1초클럭                                           03   ]


    38     ────────────────────────────────────────────────[END    ]
```

STEP 제어

```
* **********************************************************
   [01] 자동문열림 프로그램
* **********************************************************


   스텝0:초기화
         SM400      M1
    0    ─┤├────────┤/├────────────────────────────────[SET    L0      ]
         항시ON    자동시작                                      초기화



   스텝1:열림시작-고속
         SM400      M1        X1A       L0
   27    ─┤├───────┤├────────┤├────────┤├───────────────[SET    L1      ]
         항시ON    자동시작   전진완료   초기화                  step01:진
                            |○○○●                            입시작


   스텝2:열림중
         SM400      L1        X1A
   44    ─┤├───────┤├────────┤/├────────────────────────[SET    L2      ]
         항시ON    step01:진  전진완료                           step02:진
                   입시작    |○○○●                            입중


   스텝3:열림저속
         SM400      L2        X1C
   56    ─┤├───────┤├────────┤├────────────────────────[SET    L3      ]
         항시ON    step02:진  후진근접                           step03:전
                   입중      |○●○○                            진근접
```

스텝04:열림완료

```
        SM400    SM400     L3       X1D
69 ─┤├──┬──┤├──────┤├───────┤├──────────────────────────[SET    L4
   항시ON │ 항시ON   step03:전  후진완료                              step04
         │         진근접    |●○○○
         │
         │  SM400     L4                                            K10
         ├──┤├───────┤├────────────────────────────────────(T1    )
         │  항시ON   step04                                    종료타이
         │                                                      머
         │
         │           T1
         └──────────┤├──────┬────────────────────────────[SET    L0
                    종료타이  │                                 초기화
                     머      │
                            │
                            └─────────────────────────────[RST    M1
                                                                자동시작

       SM400     L1        L2        L3       L4
97 ─┤├──────┤╱├───────┤╱├───────┤╱├──────┤╱├──────┤╱├────────(M2    )
   항시ON   step01:진  step02:진  step03:전  step04                스텝1진행
          입시작     입중      진근접                             중

104 ─────────────────────────────────────────────────────────[END    ]
```

```
* ***********************************************************
* 스텝기능처리 WAND-16단계 / DAND-32단계
* Double word사용으로 32단계까지 가능
* L0 ~ L31 까지 사용
* 32단계 초과시 계속 확장해서 사용할것
* ***********************************************************
```

워드0,1

```
        SM400      L0
    0   ──┤├──┬───┤↑├────────────────────────[DAND    H1      K8L0
         항시ON  │  초기화                                       초기화
               │
               │        SM400
               │     ───┤├─────────────────────[DMOV    K0      K8L32
               │        항시ON
               │
               │          L1
               │       ───┤↑├───────────────────[DAND    H2      K8L0
               │       step01:진                             초기화
               │       입시작
               │
               │          L2
               │       ───┤↑├───────────────────[DAND    H4      K8L0
               │       step02:진                             초기화
               │       입중
               │
               │          L3
               └───────┤↑├───────────────────[DAND    H8      K8L0
                       step03:전                             초기화
                       진근접
```

```
     SM400    L4
41  ─┤├──┬───┤↑├──────────────────────────────[DAND   H10    K8L0   ]
     항시ON  │ step04                                          초기화
            │
            │    L5
            ├───┤↑├──────────────────────────────[DAND   H20    K8L0   ]
            │                                                  초기화
            │
            │    L6
            ├───┤↑├──────────────────────────────[DAND   H40    K8L0   ]
            │                                                  초기화
            │
            │    L7
            └───┤↑├──────────────────────────────[DAND   H80    K8L0   ]
                                                               초기화


     SM400    L8
66  ─┤├──┬───┤↑├──────────────────────────────[DAND   H100   K8L0   ]
     항시ON  │                                                초기화
            │
            │    L9
            ├───┤↑├──────────────────────────────[DAND   H200   K8L0   ]
            │                                                  초기화
            │
            │    L10
            ├───┤↑├──────────────────────────────[DAND   H400   K8L0   ]
            │                                                  초기화
            │
            │    L11
            └───┤↑├──────────────────────────────[DAND   H800   K8L0   ]
                                                               초기화
```

```
     SM400    L12
 91  ──┤├──────┤↑├─────────────────────────────────[DAND    H1000    K8L0  ]
     항시ON                                                          초기화


              L13
         ─────┤↑├─────────────────────────────────[DAND    H2000    K8L0  ]
                                                                    초기화


              L14
         ─────┤↑├─────────────────────────────────[DAND    H4000    K8L0  ]
                                                                    초기화


              L15
         ─────┤↑├─────────────────────────────────[DAND    H8000    K8L0  ]
                                                                    초기화


     SM400    L16
116  ──┤├──────┤↑├─────────────────────────────────[DAND    H10000   K8L0  ]
     항시ON                                                          초기화


              L17
         ─────┤↑├─────────────────────────────────[DAND    H20000   K8L0  ]
                                                                    초기화


              L18
         ─────┤↑├─────────────────────────────────[DAND    H40000   K8L0  ]
                                                                    초기화


              L19
         ─────┤↑├─────────────────────────────────[DAND    H80000   K8L0  ]
                                                                    초기화
```

```
       SM400    L20
141   ──┤├────────┤↑├──────────────────────────────────[DAND  H100000   K8L0 ]
       항시ON                                                           초기화

                 L21
      ──────────────┤↑├──────────────────────────────────[DAND  H200000   K8L0 ]
                                                                        초기화

                 L22
      ──────────────┤↑├──────────────────────────────────[DAND  H400000   K8L0 ]
                                                                        초기화

                 L23
      ──────────────┤↑├──────────────────────────────────[DAND  H800000   K8L0 ]
                                                                        초기화

       SM400    L24
166   ──┤├────────┤↑├──────────────────────────────────[DAND  H1000000  K8L0 ]
       항시ON                                                           초기화

                 L25
      ──────────────┤↑├──────────────────────────────────[DAND  H2000000  K8L0 ]
                                                                        초기화

                 L26
      ──────────────┤↑├──────────────────────────────────[DAND  H4000000  K8L0 ]
                                                                        초기화

                 L27
      ──────────────┤↑├──────────────────────────────────[DAND  H8000000  K8L0 ]
                                                                        초기화
```

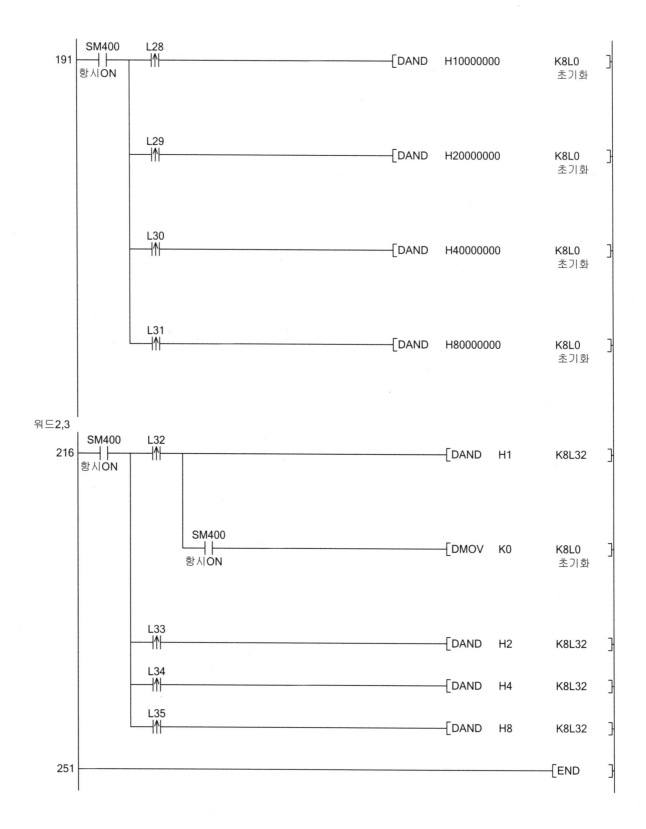

워드2,3

```
* ************************************************************
* [02] DECO활용 STEP기능-자동문열림 프로그램
* ************************************************************

* Decoding실행 [S D 2^n]
        SM400                                          ┌[DECO    D0       L0       K4      ]┐
   0    ─┤├─────────────────────────────────────────────                Step no   base
        항시ON


스텝0:초기화
        SM400     L0       M1                          ┌[MOV     K1                D0      ]┐
   9    ─┤├──────┤├──────┤├──────────────────────────                           Step no
        항시ON    base    자동시작


스텝1:열림시작-고속
        SM400     M1       L1       X1A                ┌[MOV     K2                D0      ]┐
   22   ─┤├──────┤├──────┤├──────┤├────────────                                Step no
        항시ON    자동시작  초기화   전진완료
                                   ○○○●


스텝2:열림중
        SM400     L2       X1A                         ┌[MOV     K3                D0      ]┐
   40   ─┤├──────┤├──────┤├────────────────                                   Step no
        항시ON    step01:진 전진완료
                 입시작   ○○○●


스텝3:열림저속
        SM400     L3       X1C                         ┌[MOV     K4                D0      ]┐
   53   ─┤├──────┤├──────┤├────────────────                                   Step no
        항시ON    step02:진 후진근접
                 입중     ○●○○
```

스텝04:열림완료

```
        SM400     SM400      L4        X1D
  67   ──┤├──────┤├────────┤├────────┤├──────────────────────[MOV    K5      D0    ]
        항시ON     항시ON    step03:전   후진완료                                  Step no
                           진근접      ●○○○

                 SM400      L5                                              K10
                ──┤├───────┤├────────────────────────────────────────────(T1    )
                 항시ON     step04                                          종료타이
                                                                          머

                           T1                                        K0
                          ──┤├──────┬──────────────────────────[MOV    K0      D0    ]
                          종료타이    │                                        Step no
                          머         │
                                    │
                                    └────────────────────────[RST    M1    ]
                                                                     자동시작

        SM400      L1        L2        L3        L4
  97   ──┤├───────┤/├───────┤/├───────┤/├───────┤/├──────┤/├──────────────(M2    )
        항시ON     초기화    step01:진   step02:진   step03:전                    스텝1진행
                           입시작     입중       진근접                       중

 104   ──────────────────────────────────────────────────────────────────[END   ]
```

```
* ************************************************************
* [03] SFC
* ************************************************************
```

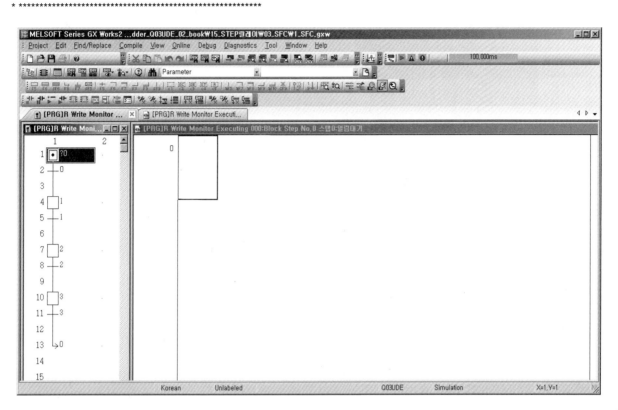

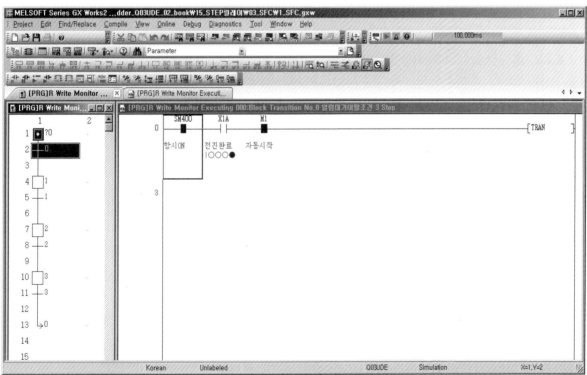

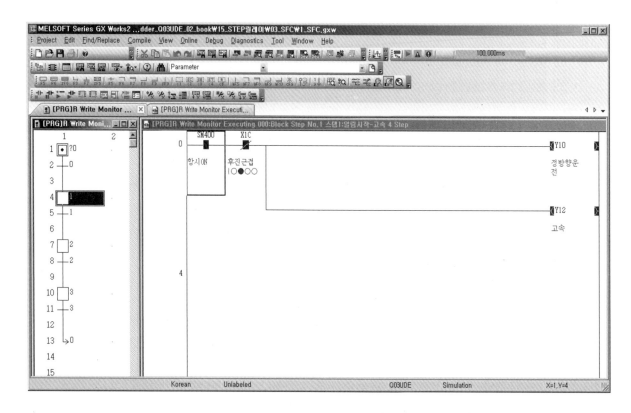

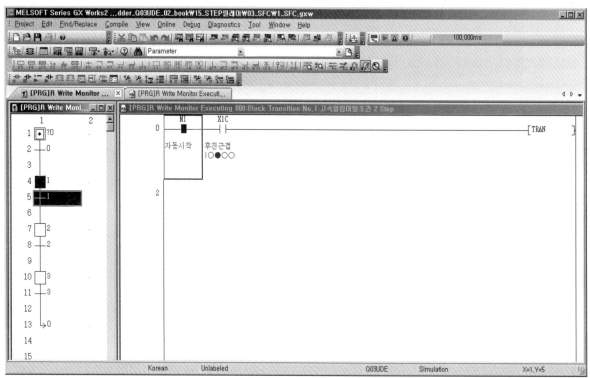

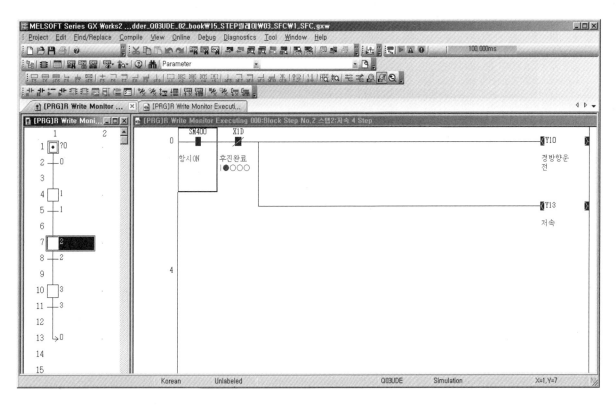

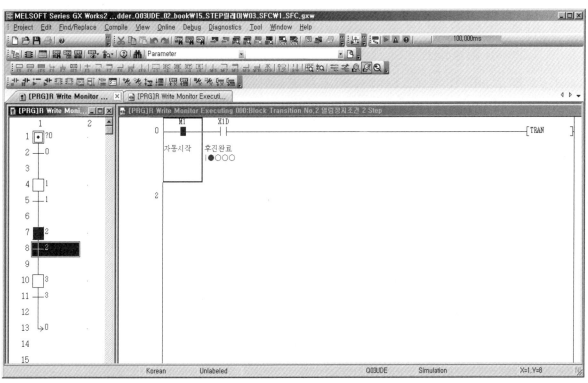

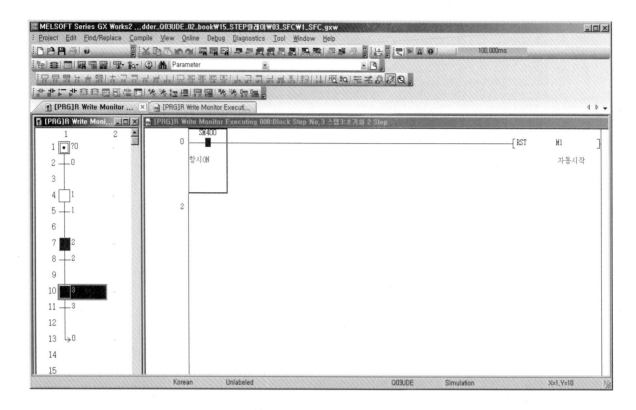

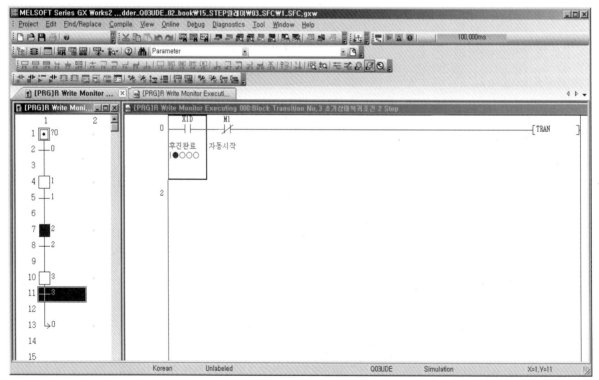

* ***
* [04] 센서배치도
* ***

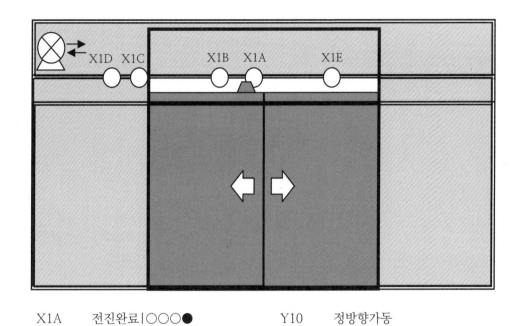

X1A	전진완료ㅣ○○○●	Y10	정방향가동
X1B	전진근접ㅣ○○●○	Y11	역방향가동
X1C	후진근접ㅣ○●○○	Y12	고속
X1D	후진완료ㅣ●○○○	Y13	저속

X1E   걸림감지

Step 00	열림대기상태
Step 01	고속열림시작
Step 02	고속열림중
Step 03	저속열림
Step 04	열림완료

데이터

1. 비트(Bit)

	방법	Source	Destination
이동	연산자 乘, 除	워드	사용자 지정
	SFL	4 nibble	1비트 이상
	BSFL	사용자 지정	1비트 only
회전	BSFL	사용자 지정	1비트 only
	BSFL	사용자 지정	1비트 이상
	ROL	워드	1비트 이상

2. 바이트(Byte)

	방법	Source	Destination
이동	반복문, BSFL	워드	
교환	SWAP	워드	

3. 워드(Word)

	방법	Source	Destination
이동	DSFL	사용자 지정	1워드 only
채우기	FMOV	사용자 지정	사용자 지정
복사	BMOV	사용자 지정	사용자 지정

```
************************************************************
* [01] 乘除사용 가중치만큼 쉬프트
*  M태그- 10진수,B태그- 16진수 사용.
* 16진수 사용하는 B태그 사용해서 Monitoring.
* ************************************************************
```

* 1.연산으로 상위로 가중치 만큼 밀기, 가중치2^8=256

```
      SM400      L0
  0 ──┤├────────┤├──────────────────────────┤*    K4B0    K256    K4B30 ┤
      항시ON                      │
                                  │
                                  │
                                  └───────────┤*    K4B0    K2      K4B50 ┤
```

* 2.연산으로 하위로 가중치 만큼 당기기,가중치 2^8=256

```
      SM400      L1
 45 ──┤├────────┤├──────────────────────────┤/    K4B0    K256    K4B30 ┤
      항시ON                      │
                                  │
                                  │
                                  └───────────┤/    K4B0    K2      K4B50 ┤
```

* 3.초기화

```
      SM400      L2
 56 ──┤├────────┤├──────────────────┤FMOV    K0      K4B0    K10 ┤
      항시ON


      SM400
 63 ──┤├──────────────────────────────┤MOV    K0      K1L0 ┤
      항시ON



 67 ─────────────────────────────────────────────────┤END ┤
```

```
* ***********************************************************
* [02] Bit shift [SFL  Word  n_bit]
* ***********************************************************
```

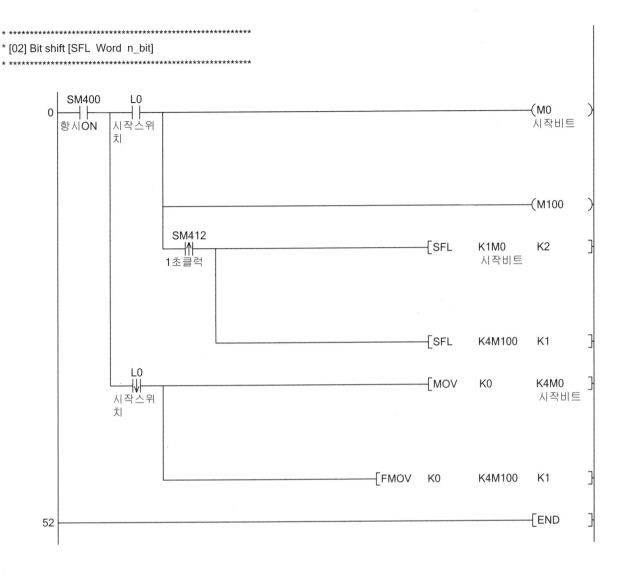

```
* ************************************************************
* [03] BSFL [시작비트  n] 1비트 쉬프트 전용
* ************************************************************

       SM400    L0
  0     ┤├──────┤├─────────────────────────────────────────(M0      )
       항시ON                                                시작비트

             SM412    M18
             ┤├──────┤/├──────────────────────[BSFLP   M0        K19  ]
            1초클럭   마지막비                                시작비트
                      트

       SM400    L1
 40     ┤├──────┤├──────────────────────[FMOV    K0      K4M0      K2  ]
       항시ON                                            시작비트

                  ├──────────────────────────────────[RST    L0   ]

                  ├──────────────────────────────────[RST    L1   ]

 48    ─────────────────────────────────────────────────[END  ]
```

* **
* [04] 회전 BSFL 사용 [사용자 범위, 1비트 전용]
* **

```
0 ── SM400 ──┤ ├── L0 ──┤↑├── SM400 ──┤ ├── M19 ──┤ ├──────────────────────[SET    M40 ]
      항시ON      회전스위      항시ON      마지막비                              백업
                 치                      트

             SM400
           ──┤ ├──────────────────────────────────────────[BSFLP  M0     K20 ]
             항시ON

             SM400      M40
           ──┤ ├──────┤ ├────────────────────────────────────[SET    M0 ]
             항시ON     백업

             SM400
           ──┤ ├────────────────────────────────────────────[RST    M40 ]
             항시ON                                                   백업

                                                              [RST    L0 ]
                                                                      회전스위
                                                                      치

51 ───────────────────────────────────────────────────────────[END ]
```

```
* **********************************************************
* [05] 회전 BSFL 사용자 지정, 2비트 이상
* **********************************************************

       SM400    L0    SM400    M19
0 ──┤├────┤↑├────┤├─────┤├──────────────────────[SET    M40  ]
     항시ON  회전스위   항시ON  마지막비                         백업
            치               트
                          M18
                        ──┤├──────────────────────[SET    M41  ]
                          마지막-1                            백업-1


              SM400
            ──┤├────────────────────────────[BSFLP   M0    K20 ]
             항시ON                                  시작비트

                                           ──[BSFLP   M0    K20 ]
                                                    시작비트


              SM400    M40
            ──┤├────┤├──────────────────────[SET    M1   ]
             항시ON  백업                             시작비트
                                                    +1
                      M41
                    ──┤├──────────────────────[SET    M0   ]
                      백업-1                            시작비트


              SM400
            ──┤├──────────────────────────────[RST    M40  ]
             항시ON                                    백업

                                           ──[RST    M41  ]
                                                     백업-1

                                           ──[RST    L0   ]
                                                     회전스위
                                                     치


64 ─────────────────────────────────────────[END  ]
```

```
* ************************************************************
* [06] 회전 ROL [워드, n비트]
* ************************************************************

  1.회전
        SM400      L1
  0     ─┤├───────┤├──────────────────────────[ROLP    K4M0      K1  ]
        항시ON    상위회전


                   L2
                 ──┤├──────────────────────────[RORP    K4M0      K2  ]
                   하위회전


  Reset
        SM400
  48    ─┤├────────────────────────────────────[MOV     K0        K1L0 ]
        항시ON                                                    값전송


  57    ────────────────────────────────────────────────────[END ]
```

```
* ************************************************************
* [01] 바이트 이동 BSFL, 8번 반복
* ************************************************************
```

1.반복 BSFL switch

```
        L0
0 ──┤ ├──────────────────────────────────────────[SET      L1      ]
```

2.반복

```
16 ─────────────────────────────────────────────[FOR      K8      ]

      SM400      L1
23 ──┤ ├────┤ ├──────────────────────────────[BSFL     M0      K16    ]
     항시ON

28 ─────────────────────────────────────────────[NEXT            ]
```

Reset

```
      SM400
29 ──┤ ├────┬──────────────────────────────────[RST      L0      ]
     항시ON │
           │
           └──────────────────────────────────[RST      L1      ]
```

* 참조:가중치만큼 곱

```
      SM400      L2
37 ──┤ ├────┤ ├──┬────────────────────[*      K4M0     K256    K4M0   ]
     항시ON      │
               │
               └──────────────────────────────[RST      L2      ]

45 ─────────────────────────────────────────────[END             ]
```

```
* **********************************************************
   [02] WAND, WOR 사용한 필터
* **********************************************************


* 1.하위바이트 추출 필터
          SM400      L0
     0  ──┤├────────┤├──────────────────────────────[WAND    D0        H0FF      D2      ]
          항시ON                                              증가시간


* 2.AND연산으로 상위바이트만 추출(필터링) 후 SWAP
          SM400      L1
    81  ──┤├────────┤├────────┬────────────────────[WAND    D0        H0FF00    D2      ]
          항시ON              │                              증가시간
                             │
                             │
                             ├──────────────────────────────[MOV     D2        D3      ]
                             │
                             │
                             └──────────────────────────────[SWAP    D3      ]

* 3.Reset
          SM400
    91  ──┤├──────────────────────────────────────[MOV     K0        K1L0    ]
          항시ON


    96  ────────────────────────────────────────────────────[END     ]
```

* **
* [01] Word 이동, Block copy, Fill
* **

* 1.지정한워드데이타 1워드이동 DSFL [S n]

```
       SM400      L0
  0 ──┤├────────┬──┤├──────────────────────────[DSFR    D10       K10  ]
     항시ON      │                                       Target
                │
                │   L1
                └──┤├──────────────────────────[DSFL    D10       K10  ]
                                                        Target
```

* 2.블럭데이타 이동(Copy) BMOV [S D n]

```
       SM400      L2
 73 ──┤├────────┤├──────────────────────[BMOVP  D0       D10       K10  ]
     항시ON                                      Source   Target
```

* 3. Fill data move FMOV [S D n]

```
       SM400      L3
 80 ──┤├────────┤├──────────────────────[FMOV    K0       D0        K10  ]
     항시ON                                                Source
```

* Reset

```
       SM400
 87 ──┤├──────────────────────────────────────[MOV     K0       K1L0  ]
     항시ON
```

```
 92 ─────────────────────────────────────────────────────────[END  ]
```

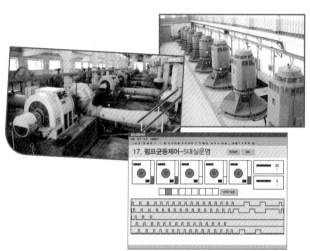

균등제어

```
* ************************************************************
* [01] 균등제어 1초 펄스 생성
* ************************************************************


* 1.사용시간누적
        SM400    SM412
0 ───┤ ├────────┤↑├──────────────────────────────────[INCP    D0
        항시ON    1초클럭                                          사용시간
                                                                누적


                  ┌[>=      D0        K3    ]──────────[MOV    K0      D0
                           사용시간                                      사용시간
                           누적                                         누적


* 2.나머지구함
        SM400
73 ──┤ ├──┬─────────────────────────────[/      D0       K3      D10
        항시ON │                                        사용시간
              │                                        누적
              │
              ├──────────────────────────[MOV     D10      D13
              │                                           몫
              │
              └──────────────────────────[MOV     D11      D14
                                                  나머지     나머지


* 3.활용
        SM400
82 ──┤ ├──┬[=      D14      K0    ]──────────────────────(M0
        항시ON │      나머지                                      펌프01
              │
              └[=      D14      K2    ]──────────────────────(M3
                      나머지                                      펌프03


94 ──────────────────────────────────────────────────[END
```

```
* ************************************************************
* [02] 균등제어 1대 회전 사용 선택
* ************************************************************
```

* 1.사용선택갯수알아내기

```
         SM400
    0 ───┤├──────────┬───────────────────────────────────[SUM    K4L0      D4      ]
         항시ON      │                                                      선택된수
                     │
                     │
                     └─[<=    D4      K0  ]───────────────[MOV    K1        D4      ]
                            선택된수                                        선택된수
```

* 2.사용순서용 펄스생성(예:0,1,2반복)

```
         SM400      M20
   71 ───┤├────────┤↑├─┬───────────────────────────────[INCP   D0        ]
         항시ON    _│ │_│                                        사용순서
                   사용자지                                       용시간누
                   정펄스                                         적
                          │
                          └─[>=   D0      D4  ]───────────[MOV    K0        D0      ]
                               사용순서 선택된수                          사용순서
                               용시간누                                    용시간누
                               적                                          적
```

* 3.몫은 사용하지 않고 나머지에서 펄스 구함

```
      SM400   SM400
83 ──┤ ├──┬──┤ ├──────────────────────────────────[/    D0      D4      D10    ]
     항시ON │  항시ON                                     사용순서  선택된수  몫
            │                                           용시간누
            │                                           적
            │
            │                    ────────────────────[MOV   D10     D13    ]
            │                                              몫       몫
            │
            │
            │           ──────────────────────────[MOV   D11     D14    ]
            │                                           나머지    나머지
            │
            │  SM400
            ├──┤ ├──┬──[=   D14     K0   ]────────────────(M1    )
            │  항시ON │      나머지                            펌프01가
            │         │                                       동순변신
            │         │                                       호
            │         │
            │         ├──[=   D14     K1   ]────────────────(M2    )
            │         │      나머지                            펌프02가
            │         │                                       동순변신
            │         │                                       호
            │         │
            │         └──[=   D14     K2   ]────────────────(M3    )
            │                 나머지                            펌프03가
            │                                                  동순변신
            │                                                  호
```

* 4-1.옵션적용 후 출력01

```
       SM400      L1        M1
111 ──┤ ├──────┤ ├──────┤ ├──────────────────────────(Y11   )
      항시ON    사용선택   펌프01가                           출력펌프
               01        동순변신                           01
                         호
```

* 4-2.옵션적용 후 출력02

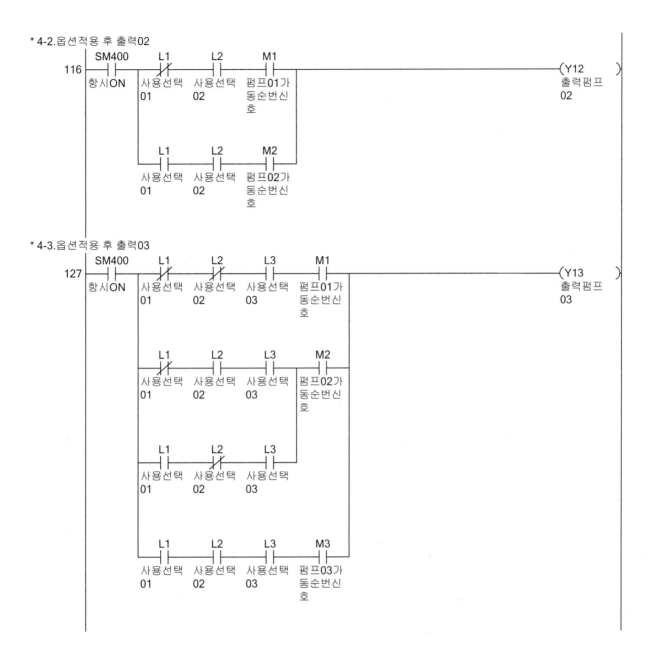

* 5.사용시간 누적

```
        SM400    SM412    Y11
149     ─┤ ├─────┤ ├──────┤ ├─────────────────────────────────[INCP    D16    ]
        항시ON   1초클럭   출력펌프                                      사용시간
                          01                                            01


                          Y12
                         ─┤ ├─────────────────────────────────[INCP    D18    ]
                          출력펌프                                      사용시간
                          02                                            02


                          Y13
                         ─┤ ├─────────────────────────────────[INCP    D20    ]
                          출력펌프                                      사용시간
                          03                                            03
```

* ********************************
* 6.사용자지정시간에 맞는 펄스 생성

```
        SM400    SM412
164     ─┤ ├─────┤ ├──────────────────────────────────────────[INCP    D6     ]
        항시ON   1초클럭                                                자동대기
                                                                        경과3


        ┌>   D6        D8      ┐─────────────────────[MOV    K0     D6     ]
             자동대기   자동대기                                       자동대기
             경과3      경과4                                          경과3


        ┌=   D6        K0      ┐──────────────────────────────────(M20    )
             자동대기                                                  ─┤ ├─
             경과3                                                     사용자지
                                                                      정펄스


182     ──────────────────────────────────────────────────────────────[END    ]
```

```
* ************************************************************
* [03] 사용자지정시간에 맞는 펄스 생성
* ************************************************************


        SM400   SM412
0        ─┤├─────┤├─────────────────────────────────────[INCP    D6      ]
        항시ON   1초클럭                                            경과시간


          [>      D6      D8     ]──────────────────[MOV    K0     D6      ]
                  경과시간  설정시간                                   경과시간


          [=      D6      K0     ]──────────────────────────────(M32      )
                  경과시간                                          펄스


19      ──────────────────────────────────────────────────[END    ]
```

```
* **********************************************************
* [04-01] 전체 5대 중에서  사용자댓수, 사용자 회전수 선택
* 각 펌프 가동조건 = 2^n  5대 경우 2^4= 32조건
* **********************************************************


* [1] 사용할펌프수 쉬프트
* 사용함옵션갯수
              SM400                                                    ┌SUM    K3L0      D1
      0       ─┤├─────┬──────────────────────────────────────────────  └       선택01    사용함선
              항시ON  │                                                                   택수량
                      │
                      │                                               ┌MOV    D1        Z0
                      └─────────────────────────────────────────────  └       사용함선
                                                                               택수량

   For ─ ─ ─ ─ ─ ─
              SM400   M32
     13       ─┤├────┤/├──────────────────────────────────────────── ┌CJ     P1
              항시ON  Shift실행


     31       ──────────────────────────────────────────────────────┌FOR    D2
                                                                              Shift칸수

              M0Z0
     33       ─┤├───────────────────────────────────────────────────┌SET    M19
                                                                              Backup

              SM400
     35       ─┤├──┬─┌>    D2      K0  ┤├────────────────────────┌BSFL   M1        D1
              항시ON │ └     Shift칸수                                     신호01    사용함선
                                                                                   택수량
              M19
     42       ─┤├───────────────────────────────────────────────────┌SET    M1
              Backup                                                           신호01

              SM400
     44       ─┤├───────────────────────────────────────────────────┌RST    M19
              항시ON                                                           Backup


     46       ──────────────────────────────────────────────────────┌NEXT

   P1         SM400
     47       ─┤├───────────────────────────────────────────────────┌RST    M32
              항시ON                                                           Shift실행


     50       ──────────────────────────────────────────────────────┌END
```

```
* ************************************************************
* [04-02] 사용댓수 비트켜기(디코딩)
* ************************************************************


* For문 사용해서 설정 (변경시 한번만) - - - - - - - - - -
* 1.초기화(처음 시작시 1스캔 복원필요함)
              SM400                              SM402
   0 ─┤├───[= D2      D3      ─┤/├────────────────────[CJ    P1  ]
       항시ON     Shift칸수  CUP     Run후1스
                                   캔On


              SM400
  13 ─┤├───[<>  D2      D3    ┐                   ─[MOV   K0    K4M0 ]
       항시ON     Shift칸수  CUP  │
                              │
                              │
                              │                   ─[MOV   K0    Z1   ]
                              └────────────────────

* 반복설정
  21 ──────────────────────────────────────────────[FOR   D2   ]
                                                            Shift칸수


              SM400
  24 ─┤├───[>  D2      K0    ┐                      ─[SET   M1Z1 ]
       항시ON     Shift칸수         │                          신호01
                              │
                              │
                              │                     ─[INC   Z1   ]
                              └───────────────────────

  32 ──────────────────────────────────────────────[NEXT  ]

* - - - - - - - - - - - - - - - - -
* 숫자백업
P1            SM400
  33 ─┤├────────────────────────────────────[MOV   D2      D3   ]
       항시ON                                       Shift칸수  CUP



  39 ──────────────────────────────────────────────[END   ]
```

```
* ***********************************************************
* [04-03] 사용자 지정시간에 맞는 펄스 생성
* ***********************************************************

       SM400    SM412
  0 ─────┤├───────┤├──────────────────────────────────────────[INCP    D6      ]
        항시ON    1초클럭                                                자동대기
                                                                        경과3

        ┌>      D6       D8      ┐                            [MOV     K0      D6      ]
        └       자동대기  자동대기  ┘                                              자동대기
                경과3     경과4                                                 경과3

        ┌=      D6       K0      ┐                                      (M33     )
        └       자동대기          ┘                                       Shift실행
                경과3                                                    보조

              M33
        ───────┤↑├──────────────────────────────────────────[SET     M32     ]
              Shift실행                                                Shift실행
              보조

              M33
        ───────┤↓├──────────────────────────────────────────[RST     M32     ]
              Shift실행                                                Shift실행
              보조


 26 ──────────────────────────────────────────────────────────[END     ]
```

```
* ************************************************************
* [04-04] 출력
* ************************************************************
```

1. 2^0=1

```
     SM400        L0         M1                                        (Y10   )
  0 ─┤├──────────┤├─────────┤├──────────────────────────────────────────────
     항시ON       선택01      신호01                                     출력01
```

2. 2^1=2

```
     SM400        L0         L1         M1                              (Y11   )
 14 ─┤├──────────┤/├────────┤├─────────┤├──────────────────────────────────────
     항시ON       선택01      선택02      신호01                          출력02
                                        │
                  L0         L1         M2
                 ─┤├────────┤├─────────┤├─
                  선택01      선택02      신호02
```

3. 2^2=4

```
     SM400        L0         L1         L2         M1                   (Y12   )
 30 ─┤├──────────┤/├────────┤/├────────┤├─────────┤├──────────────────────────
     항시ON       선택01      선택02      선택03      신호01                출력03
                                                   │
                  L0         L1         L2         M2
                 ─┤/├────────┤├─────────┤├─────────┤├─
                  선택01      선택02      선택03      신호02
                                        │
                  L0         L1         │
                 ─┤├─────────┤/├────────┘
                  선택01      선택02
                                                   │
                  L0         L1         L2         M3
                 ─┤├─────────┤├─────────┤├─────────┤├─
                  선택01      선택02      선택03      신호03
```

4. 2^3=8

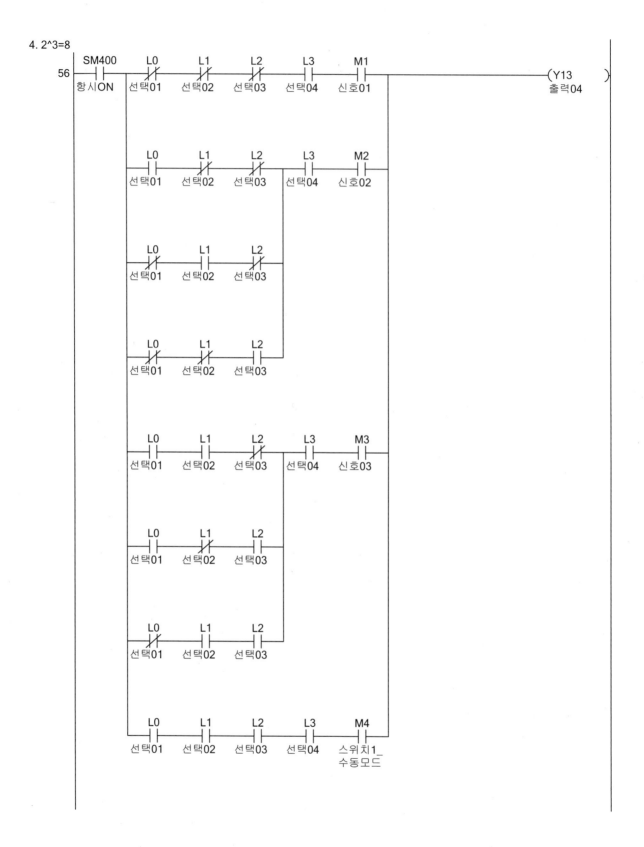

5. 2^4=16

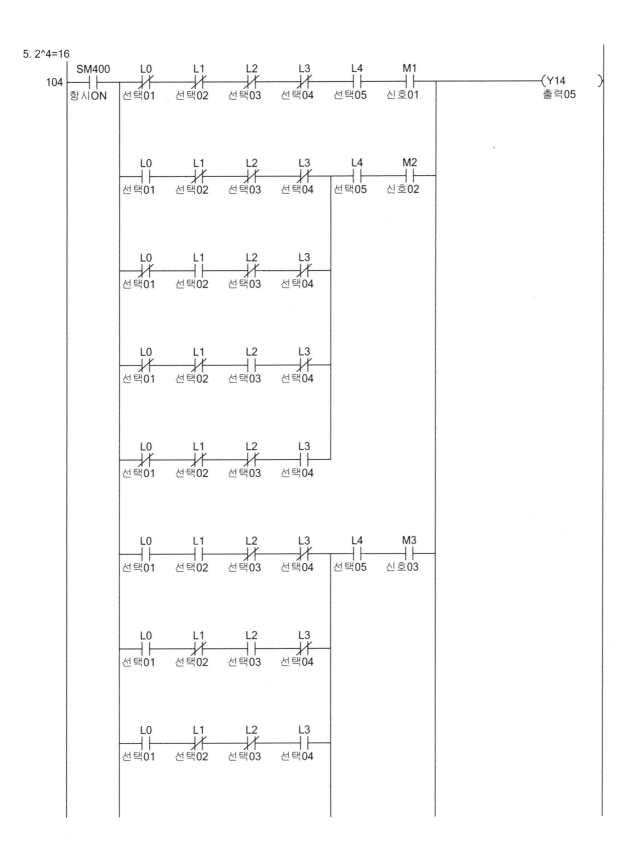

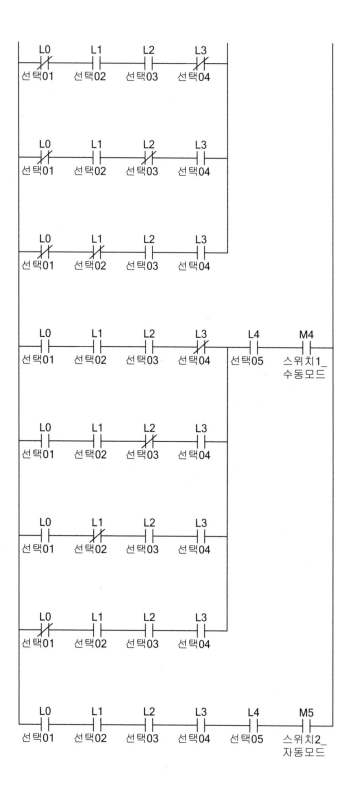

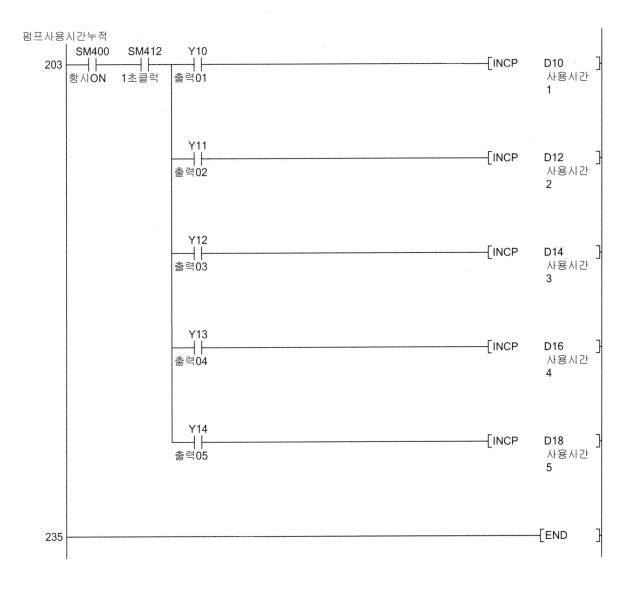

펌프사용시간누적

| 203 | SM400 항시ON | SM412 1초클럭 | Y10 출력01 | [INCP | D10 사용시간 1 |

| | | | Y11 출력02 | [INCP | D12 사용시간 2 |

| | | | Y12 출력03 | [INCP | D14 사용시간 3 |

| | | | Y13 출력04 | [INCP | D16 사용시간 4 |

| | | | Y14 출력05 | [INCP | D18 사용시간 5 |

| 235 | | | | [END |

L15	L14	L13	L12	L11	L10	L09	L08	L07	L06	L05	L04	L03	L02	L01	L00
L31	L30	L29	L28	L27	L26	L25	L24	L23	L22	L21	L20	L19	L18	L17	L16

Option 사용함,안함 선택 → D01

쉬프트할 댓수 입력용 D2(실 사용시 HMI에서 직접입력함)-only for test

M15	M14	M13	M12	M11	M10	M09	M08	M07	M06	M05	M04	M03	M02	M01	M00
M31	M30	M29	M28	M27	M26	M25	M24	M23	M22	M21	M20	M19	M18	M17	M16
M47	M46	M45	M44	M43	M42	M41	M40	M39	M38	M37	M36	M35	M34	M33	M32

Shift할 메모리

간접메모리지정 M0Z0 사용시 반복문이 1번부터 시작하므로 M01부터 사용.

Shift실행

Shift보조

D00	
D01	사용선택 댓수 파악용
D02	쉬프트할 댓수 입력용
D03	쉬프트할 댓수 입력용 숫자를 비트처리할 때 사용할 배열용
D04	
D05	대기시간지정
D06	
D07	
D08	경과시간
D09	

D10	사용시간1
D11	
D12	사용시간2
D13	
D14	사용시간3
D15	
D16	사용시간4
D17	
D18	사용시간5
D19	

원격제어

1. EWON 사용 Mitsubishi 접속 화면 (EWON제품 사용)

가. 로그인

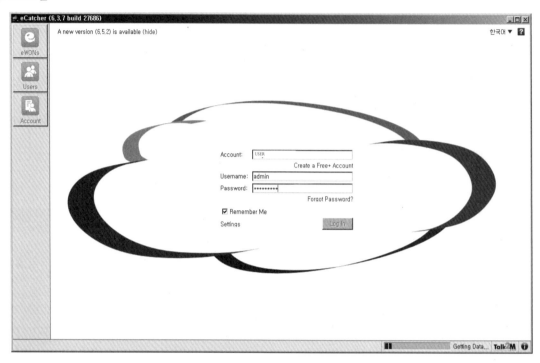

나. 설정한 디바이스에 접속

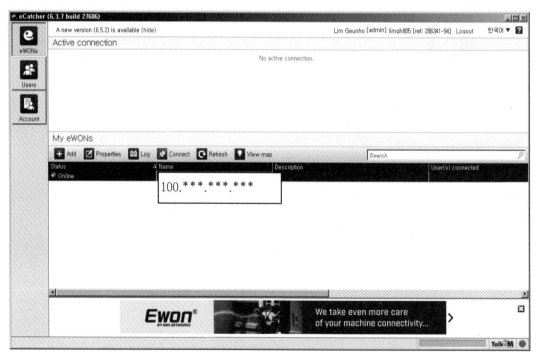

다. 사설망 생성

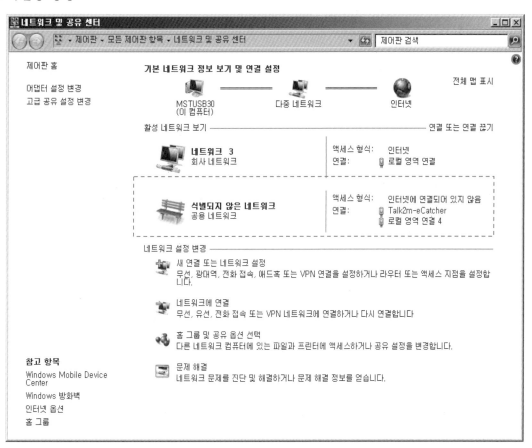

라. Ping test

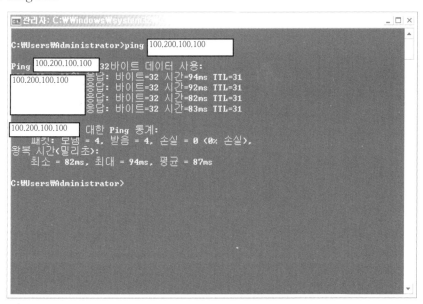

마. PLC 접속 준비

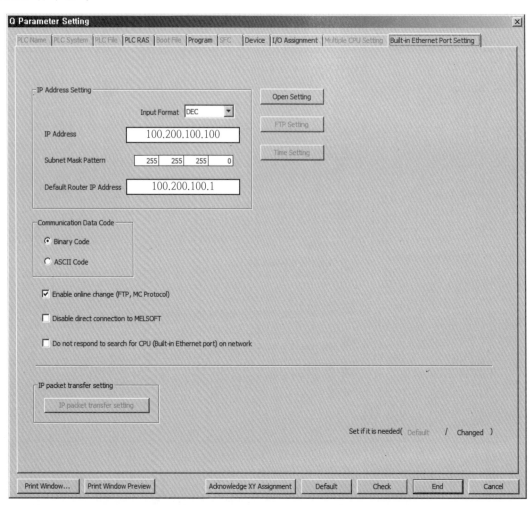

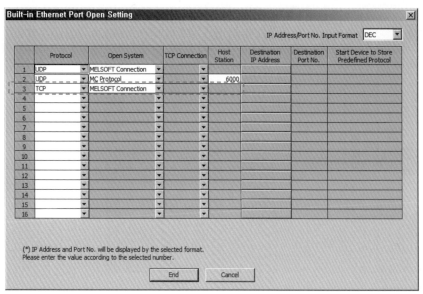

바. 접속 확인

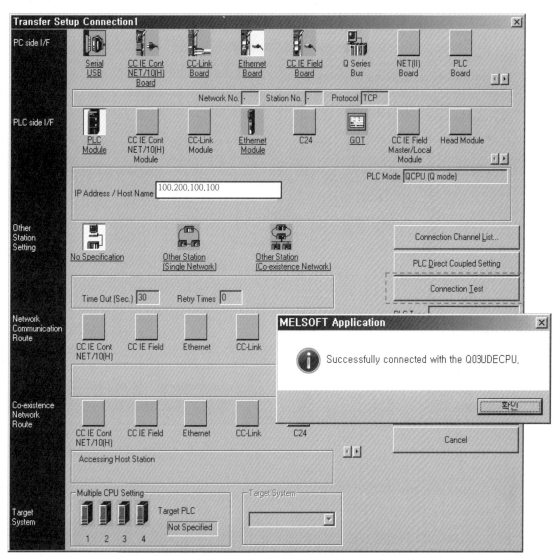

사. 접속 후 사용

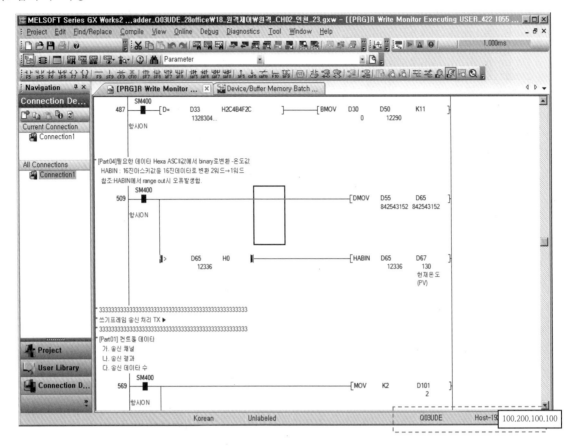

2. DDNS 사용 CICON 접속 화면 (ipTIME제품 사용)

가. 로그인

나. 포트포워드 설정

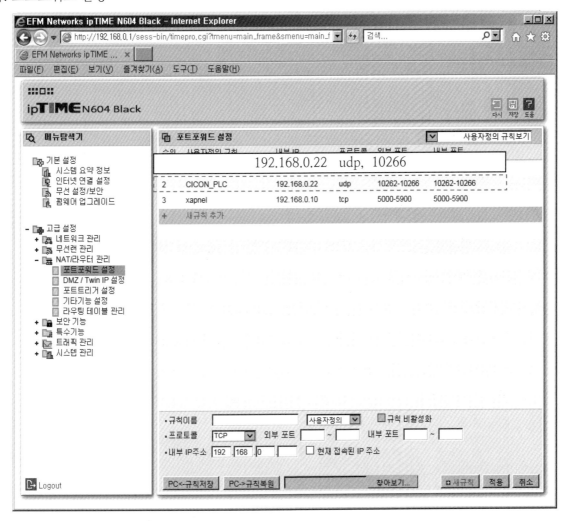

다. 인터넷 연결 확인

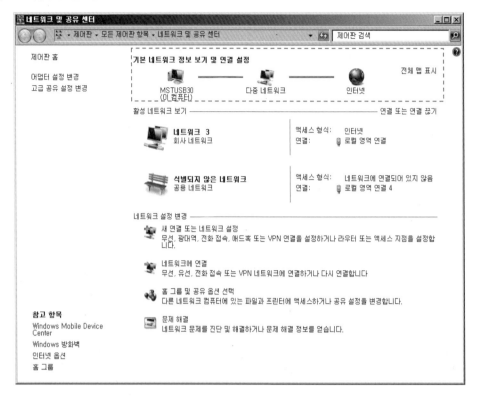

라. PLC 이더넷 모듈 설정

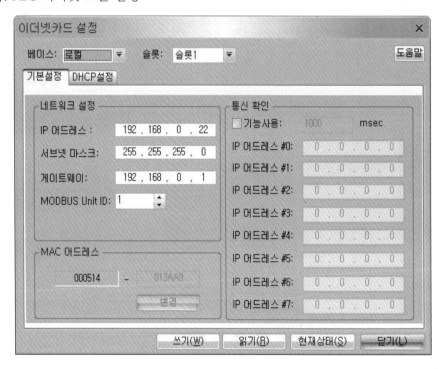

마. PLC 접속 설정

바. 접속 후 사용

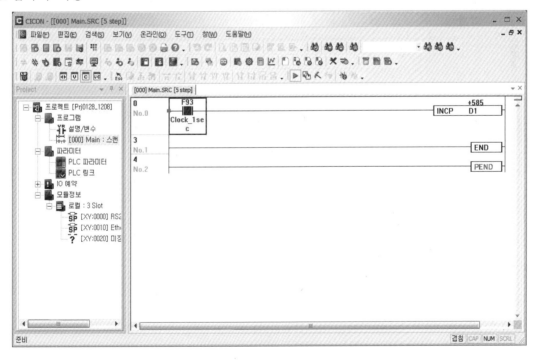

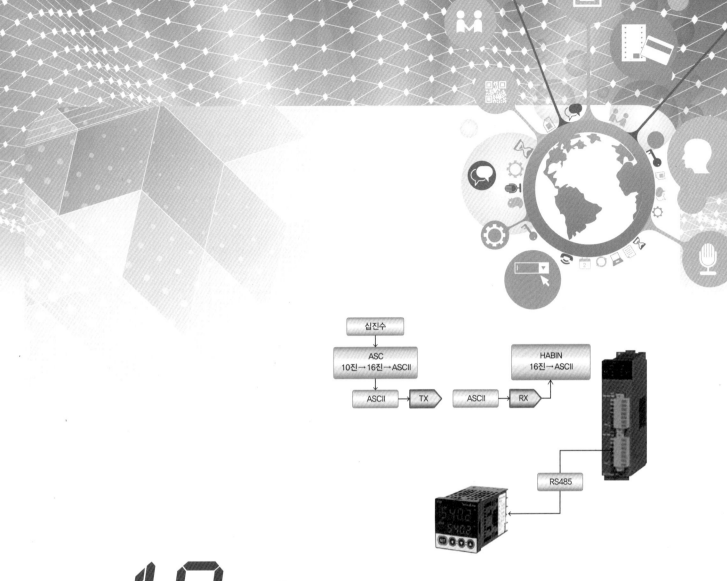

QJ71C24N-R 시리얼통신

1. ASCII code table

10진수	16진수	문자	내용	10진수	16진수	문자	내용	10진수	16진수	문자	내용	10진수	16진수	문자	내용
0	00	^@	NUL	32	20			64	40	@		96	60	`	
1	01	^A	SOH	33	21	!		65	41	A		97	61	a	
2	02	^B	STX	34	22	"		66	42	B		98	62	b	
3	03	^C	ETX	35	23	#		67	43	C		99	63	c	
4	04	^D	EOT	36	24	$		68	44	D		100	64	d	
5	05	^E	ENQ	37	25	%		69	45	E		101	65	e	
6	06	^F	ACK	38	26	&		70	46	F		102	66	f	
7	07	^G	BEL	39	27	'		71	47	G		103	67	g	
8	08	^H	BS	40	28	(		72	48	H		104	68	h	
9	09	^I	HT	41	29	)		73	49	I		105	69	i	
10	0A	^J	LF	42	2A	*		74	4A	J		106	6A	j	
11	0B	^K	VT	43	2B	+		75	4B	K		107	6B	k	
12	0C	^L	FF	44	2C	,		76	4C	L		108	6C	l	
13	0D	^M	CR	45	2D	–		77	4D	M		109	6D	m	
14	0E	^N	SOH	46	2E	.		78	4E	N		110	6E	n	
15	0F	^O	SI	47	2F	/		79	4F	O		111	6F	o	
16	10	^P	DLE	48	30	0		80	50	P		112	70	p	
17	11	^Q	DC1	49	31	1		81	51	Q		113	71	q	
18	12	^R	DC2	50	32	2		82	52	R		114	72	r	
19	13	^S	DC3	51	33	3		83	53	S		115	73	s	
20	14	^T	DC4	52	34	4		84	54	T		116	74	t	
21	15	^U	NAK	53	35	5		85	55	U		117	75	u	
22	16	^V	SYN	54	36	6		86	56	V		118	76	v	
23	17	^W	ETB	55	37	7		87	57	W		119	77	w	
24	18	^X	CAN	56	38	8		88	58	X		120	78	x	
25	19	^Y	EM	57	39	9		89	59	Y		121	79	y	
26	1A	^Z	SUB	58	3A	:		90	5A	Z		122	7A	z	
27	1B	^[	ESC	59	3B	;		91	5B	[		123	7B	{	
28	1C	^W	FS	60	3C	<		92	5C			124	7C	|	
29	1D	^]	GS	61	3D	=		93	5D	]		125	7D	}	
30	1E	^^	RS	62	3E	>		94	5E	^		126	7E	~	
31	1F	^_	US	63	3F	?		95	5F	–		127	7F		DEL

2. 템코라인, 한영넉스 온도컨트롤러 통신 프레임

1.읽기 송신 프레임

b01/h02	b02	b03	b04	b05	b06	b07	b08	b09	b10	b11	b12	b13	b14	b15/b16 (BCC)	b17	b18
header	0	1	D	R	S	.	0	1	구분자	Start address		0	1	BCC	hD	hA
	station		읽기명령어			구분자	읽을갯수								tail	
D10	D11		D12			D13	D14		D15	D16					D17	

2.읽기 수신 프레임

b01/h02	b02	b03	b04	b05	b06	b07	b08	b09	b10	b11	b12	b13	b14	b20/b21 (BCC)	b22	b23
header	0	1	D	R	S	.	O	K	구분자	읽어서 저장할 내부 어드레스1		0	1	BCC	hD	hA
	station		읽기보낸명령어			구분자	긍정응답								tail	
D30	D31		D32			D33	D34		D35	D36					D37	
D50	D51		D52			D53	D54		D55	D56					D57	

D65	D66	D67
	HABIN→	현재온도(PV)

3.쓰기 송신 프레임

b01/h02	b02	b03	b04	b05	b06	b07	b08	b09	b10	b11	b12	b13	b14	b15	b16	b17	b18	b19	b20	b21	b22	b23	b24	b25/b26 (BCC)	b27	b28
header	0	1	D	W	S	.	0	2	구분자	쓰기할 온도컨트롤러 시작 어드레스		3	0	0	0	1번데이타		1	구분자	2번데이타				BCC	hD	hA
	station		쓰기명령어			구분자	쓰기할갯수								구분자										tail	
D110	D111		D112			D113	D114		D115	D116					D117	D118		D119		D120	D121				D122	

외부에서 간접지정

D130	ASC→	D133
설정온도(SV)		SWAP
	D132	D133
	D132	

4.쓰기 수신 프레임

b01/h02	b02	b03	b04	b05	b06	b07	b08	b09	b10/b11 (BCC)	b12	b13
header	0	1	D	W	S	.	O	K	BCC	hD	hA
	station		쓰기보낸명령어			구분자	긍정응답			tail	
D150	D151		D152			D153	D154			D155	

3. PLC 통신모듈 속성 설정(9600, N, 8, 1, 사용자 정의)

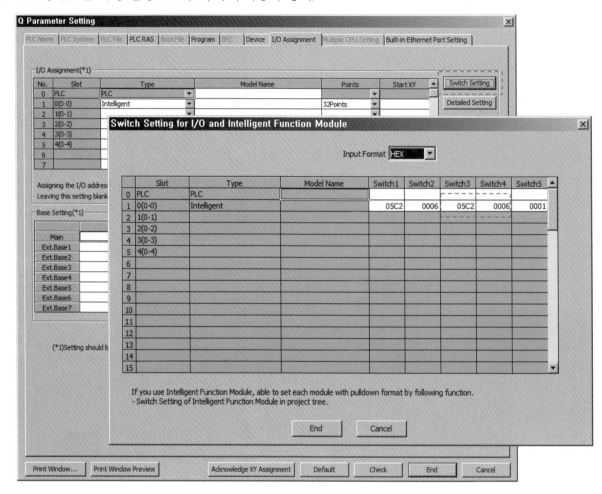

```
* ***********************************************************
* [01] HABIN, ASC
* ***********************************************************


* 1. Hexa AscII(수신한 각각 Hexa ASCII값→Binary→래더)
* HABIN : 16진아스키값을 16진데이타로 변환 2워드→1워드
* 주) HABIN사용시 range out 되면 오류발생.
* 1-1. 소스값
        SM400    SM400
   0 ────┤├───────┤├──────────────────────────────────[MOV    H3132    D0  ]
        항시ON    항시ON



                                                        [MOV    H3334    D1  ]

* 1-2. 소스값 이동
        SM400
  14 ────┤├──────────────────────────────────────────[DMOV   D0       D3  ]
        항시ON



* 1-3. 필요시 SWAP
        SM400
  18 ────┤├──────────────────────────────────────────[SWAP   D3  ]
        항시ON




                                                        [SWAP   D4  ]

* 1-4. HABIN : 16진아스키값을 16진데이타로 변환 2워드→1워드
        SM400
  24 ────┤├──┤[>    D3       H0    ]──────────────────[HABIN  D3       D10 ]
        항시ON



* 2-1. 사용자입력값 10진수를 16진수로 변환 후 각각을 AscII로 변환
  1워드→2워드
        SM400    SM400
  32 ────┤├───────┤├──────────────────────────────────[ASC    D30    D32    K4 ]
        항시ON    항시ON
```

* 2-2. ASCII로 변환된 값 복사

```
        SM400
48     ─┤├────────────────────────────────[DMOV   D32      D35    ]
       항시ON
```

* 2-3. 필요시 SWAP

```
        SM400
52     ─┤├──┬─────────────────────────────[SWAP   D35    ]
       항시ON │
            │
            │
            └────────────────────────────[SWAP   D36    ]

58     ───────────────────────────────────[END    ]
```

* **
* [01] 실행화면
* **

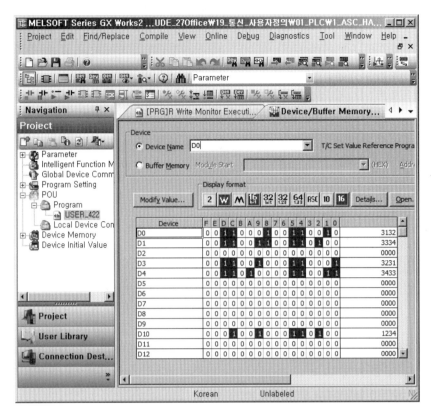

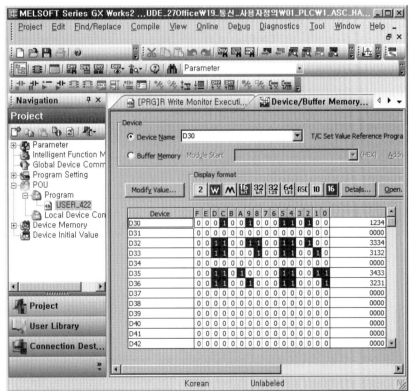

```
* ***************************************************************
* [02] QJ71C24N_R4 RS485 ↔
*                ↔ 템코라인 T59 사용자 정의 통신
* ***************************************************************


* Station 01 읽고/쓰기
*  Protocol:HSTD, 9600,N,8,1
* 메모리 사용범위 : 읽기용 D00~99, 쓰기용 D100~190
* 주의:파라메타 변경 시 PLC재부팅 후 적용됨
* 파라메타 설정 - - - - - - - - - - -
  Parameter setting / Switch setting
  Switch 1 : 05C2   Switch2 : 0006
  Switch 3 : 05C2   Switch4 : 0006 - Ch2번 사용
  Switch 5 : 0001

  - - - - - - - - - - - - - - - - - - - - - - - -
  Slot : 00
* ***************************************************************
* 1. 통신에 사용할 트리거비트생성
```

```
        SM400    SM400    SM411                              ┌INCP    D199   ┐
  0 ─────┤├───────┤├───────┤├──────────────────────────────┤        Trigger비│
        항시ON   항시ON  0.1clock                                     트생성용

                       ┌>    D199    K3  ┤──────────────────┤MOV   K1   D199   ┐
                       └     Trigger비                                Trigger비│
                             트생성용                                 트생성용

                 SM400
                ──┤├──┬─┌=    D199    K1  ┤────────────────────────────(M1      )
                항시ON│ └     Trigger비                                  Trigger
                      │       트생성용                                   bit 01
                      │
                      └─┌=    D199    K2  ┤────────────────────────────(M6      )
                        └     Trigger비                                  Trigger
                              트생성용                                   bit 02
```

* 읽기프레임 송신 처리 TX ▶
* [Part:01] 컨트롤 데이타
  가.송신 채널
  나.송신 결과
  다.송신 데이타 수

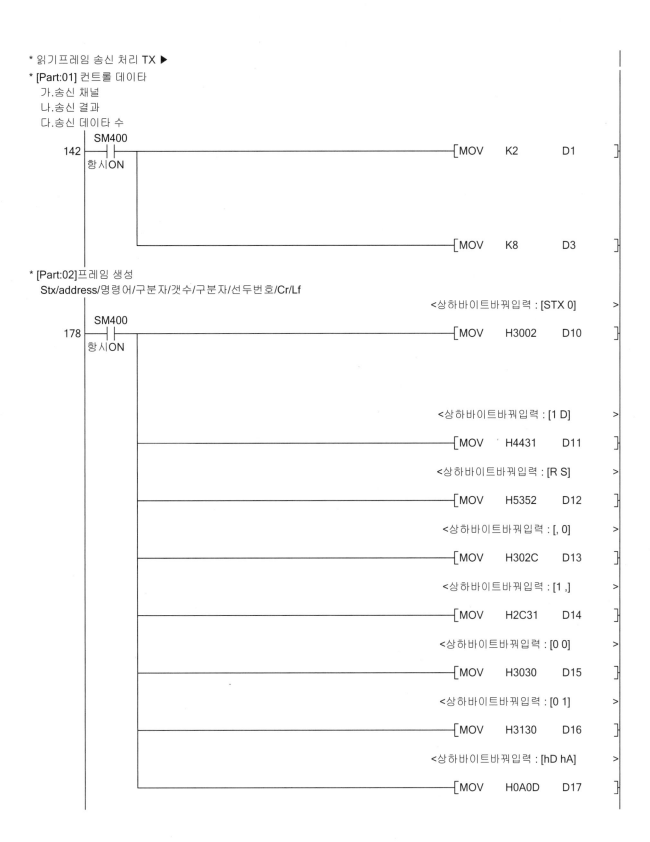

```
            SM400
142        ──┤├──                                    ─[MOV    K2      D1 ]
           항시ON

                                                     ─[MOV    K8      D3 ]
```

* [Part:02]프레임 생성
  Stx/address/명령어/구분자/갯수/구분자/선두번호/Cr/Lf

```
                                           <상하바이트바꿔입력 : [STX 0]    >
            SM400
178        ──┤├──                                   ─[MOV    H3002   D10 ]
           항시ON

                                           <상하바이트바꿔입력 : [1 D]      >
                                                    ─[MOV    H4431   D11 ]

                                           <상하바이트바꿔입력 : [R S]      >
                                                    ─[MOV    H5352   D12 ]

                                           <상하바이트바꿔입력 : [, 0]      >
                                                    ─[MOV    H302C   D13 ]

                                           <상하바이트바꿔입력 : [1 ,]      >
                                                    ─[MOV    H2C31   D14 ]

                                           <상하바이트바꿔입력 : [0 0]      >
                                                    ─[MOV    H3030   D15 ]

                                           <상하바이트바꿔입력 : [0 1]      >
                                                    ─[MOV    H3130   D16 ]

                                           <상하바이트바꿔입력 : [hD hA]    >
                                                    ─[MOV    H0A0D   D17 ]
```

* [Part03] 프레임 송신
  가. 슬롯 번호
  나. 컨트롤 데이타 위치
  다. 송신 데이타 위치

```
        SM400        M1
346 ─────┤├──────────┤↑├──────────────────────[GP.OUTPUT    U0      D1      D10     M2      ]
        항시 ON      Trigger                                                          frame01_
                     bit 01                                                          result_f
                                                                                    lag
                     M2
              ──────┤├───────────────────────────────────[FMOV   K0      D10     K8      ]
                     frame01_
                     result_f
                     lag
```

* 읽기프레임 수신 처리 RX ◀
* [Part:01] 컨트롤 데이타
  가. 수신 채널
  나. 수신 결과
  다. 수신 데이타 수

```
        SM400        SM400
399 ─────┤├──────────┤├───────────────────────────[MOV    K2      D21     ]
        항시 ON      항시 ON

                     SM400
              ──────┤├───────────────────────────[MOV    K8      D24     ]
                     항시 ON
```

* [Part02]프레임 수신
  가. 슬롯 번호
  나. 컨트롤 데이타 위치
  다. 수신할 데이터 위치

```
        SM400
441 ─────┤├────────────────────────────[G.INPUT U0    D21     D30     M3      ]
        항시 ON                                                        frame02_
                                                                      result_f
                                                                      lag
```

* [Part03]Segment점검 후 수신한 데이타 복사
  [,OK,] 2C 4F 4B 2C

```
           SM400
  487      ──┤├──┤D=     D33      H2C4B4F2C    ├────────[BMOV    D30      D50      K11   ├
           항시ON
```

* [Part04]필요한 데이타 Hexa ASCII값에서 binary로변환 -온도값
  HABIN : 16진아스키값을 16진데이타로 변환 2워드→1워드
  참조:HABIN에서 range out시 오류발생함.

```
           SM400
  509      ──┤├────┬──────────────────────────────────[DMOV    D55      D65   ├
           항시ON  │
                   │
                   │
                   │
                   │
                   │
                   └──[>     D65      H0   ├──────────[HABIN    D65      D67   ├
                                                                         현재온도
                                                                         (PV)
```

* 쓰기프레임 송신 처리 TX ▶
* [Part01] 컨트롤 데이타
  가. 송신 채널
  나. 송신 결과
  다. 송신 데이타 수

```
           SM400
  569      ──┤├────┬──────────────────────────────────[MOV     K2       D101  ├
           항시ON  │
                   │
                   │
                   └──────────────────────────────────[MOV     K14      D103  ├
```

[Part02] 프레임 생성
Stx/address/명령어/구분자/갯수/구분자/쓰기번호/데이타/Cr/Lf

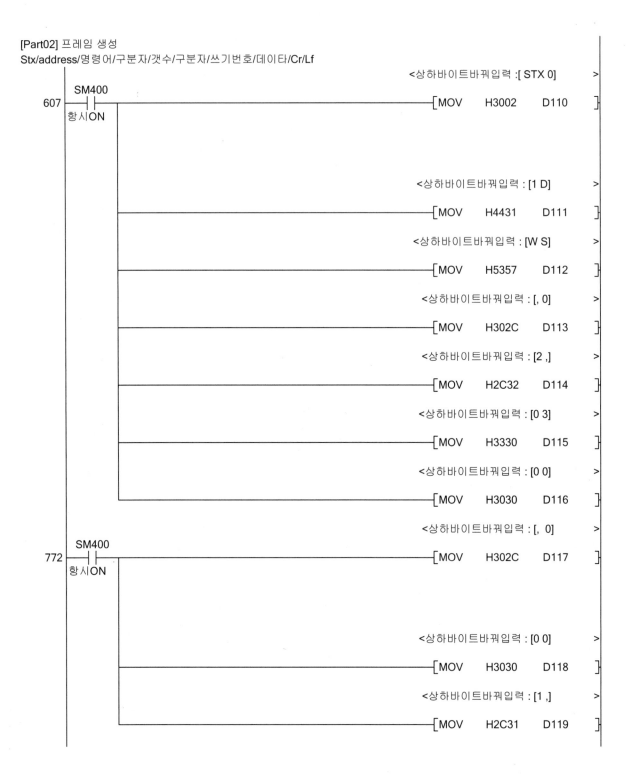

<상하바이트바꿔입력 :[STX 0]   >
607 SM400
     ┤├   ─[MOV   H3002   D110   ]
     항시ON

                         <상하바이트바꿔입력 : [1 D]   >
                                    ─[MOV   H4431   D111   ]

                         <상하바이트바꿔입력 : [W S]   >
                                    ─[MOV   H5357   D112   ]

                         <상하바이트바꿔입력 : [, 0]   >
                                    ─[MOV   H302C   D113   ]

                         <상하바이트바꿔입력 : [2 ,]   >
                                    ─[MOV   H2C32   D114   ]

                         <상하바이트바꿔입력 : [0 3]   >
                                    ─[MOV   H3330   D115   ]

                         <상하바이트바꿔입력 : [0 0]   >
                                    ─[MOV   H3030   D116   ]

                         <상하바이트바꿔입력 : [, 0]   >
772 SM400
     ┤├   ─[MOV   H302C   D117   ]
     항시ON

                         <상하바이트바꿔입력 : [0 0]   >
                                    ─[MOV   H3030   D118   ]

                         <상하바이트바꿔입력 : [1 ,]   >
                                    ─[MOV   H2C31   D119   ]

사용자 입력 간접데이타 Ascll로 변환

```
                                                        <간접데이타:Binary ->ASCII      >
      SM400    SM400
 825 ─┤├────┤├──────────────────────────[ASC    D130     D132     K4  ]
      항시ON   항시ON                              설정온도
                                                 (SV)

              SM400
             ─┤├──────────────────────────────────────[SWAP   D132 ]
              항시ON   │
                      │
                      │
                      │
                      └──────────────────────────[SWAP   D133 ]

                                                        <2번째데이타              >
              SM400
             ─┤├──────────────────────────────────[MOV    D133     D120 ]
              항시ON   │
                      │
                      │
                      └──────────────────────────[MOV    D132     D121 ]

                                                  <상하바이트바꿔입력 : [hD hA]   >
      SM400
 887 ─┤├──────────────────────────────────[MOV    H0A0D    D122 ]
      항시ON
```

* [Part03] 프레임 송신
  가. 슬롯 번호
  나. 컨트롤 데이타 위치
  다. 송신 데이타 위치

```
      SM400    M6
 906 ─┤├────┤↑├──────────[GP.OUTPUT   U0      D101     D110     M4      ]
      항시ON   Trigger   │                                        frame03_
             bit 02    │                                        result_f
                       │                                        lag
                       │
                       └──────────────────────[FMOV   K0      D140     K30 ]
```

* 쓰기프레임 수신 처리 RX ◀

* [Part01] 컨트롤 데이타
　가. 수신 채널
　나. 수신 결과
　다. 수신 데이타 수

```
        SM400
956     ┤├────────────────────────────────────[MOV    K2      D141    ]
        항시ON                         │
                                       │
                                       │
                                       └──────[MOV    K12     D144    ]
```

[Part02]프레임 수신
가. 슬롯 번호
나. 컨트롤 데이타 위치
다. 수신 데이타 위치

```
        SM400
994     ┤├──────────────────────[G.INPUT U0    D141    D150    M5      ]
        항시ON                                          frame04_
                                                        result_f
                                                        lag

1050    ─────────────────────────────────────────────[END     ]
```

```
* ************************************************************
* [02] 실행화면
* ************************************************************
```

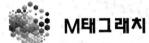 M태그래치

```
* ************************************************************
* [20] M태그래치
* ************************************************************


* 0.파워On시 복원
        SM400   SM402
  0 ─────┤├──────┤├───────────────────────────────────[MOV   K4L0      K4M0  ]
        항시ON   Run후1스
                캔On


  1.M태그사용
        SM400    M0
  8 ─────┤├──────┤├──────────────────────────────────────────────(B0      )
        항시ON


* 2.항시백업
        SM400
 19 ─────┤├────────────────────────────────────────────[MOV   K4M0      K4L0  ]
        항시ON



 23 ───────────────────────────────────────────────────────────[END   ]
```

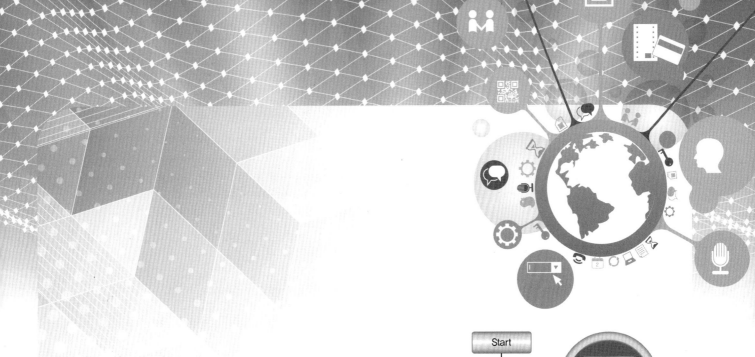

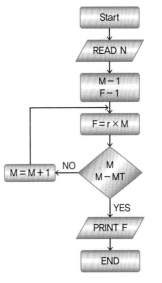

 반복문

```
* ************************************************************
* [01]  For ~ Next - D Sum
* D12 = D0+D1+D2+D3+D4+D5+D6+D7+D8+D9
* ************************************************************


* 0.초기화(간접지정변수,합계)
      SM400
   0  ─┤├───────────────────────────────────────[MOV    K0      Z0      ]
      항시ON


                 ─────────────────────────────────[MOV    K0      D12     ]
                                                                   반복합계
                                                                   저장메모
                                                                   리


* 1.For ~ Next(주소=고정주소+간접주소)

  10  ────────────────────────────────────────────[FOR    K10     ]

      SM400
  13  ─┤├──────────────────────────────────[+      D0Z0    D12      D12     ]
      항시ON                                                반복합계   반복합계
                                                            저장메모   저장메모
                                                            리        리


                 ────────────────────────────────[INC    Z0      ]

  18  ────────────────────────────────────────────[NEXT   ]

* 2.메모리 초기화
      SM400   M9
  19  ─┤├────┤├──────┬──────────────────[FMOV   K0      D0      K100    ]
      항시ON  초기화스
              위치


              └────────────────────────────[RST    M9      ]
                                                    초기화스
                                                    위치


  27  ────────────────────────────────────────────[END    ]
```

* **
* [01] 실행화면
* **

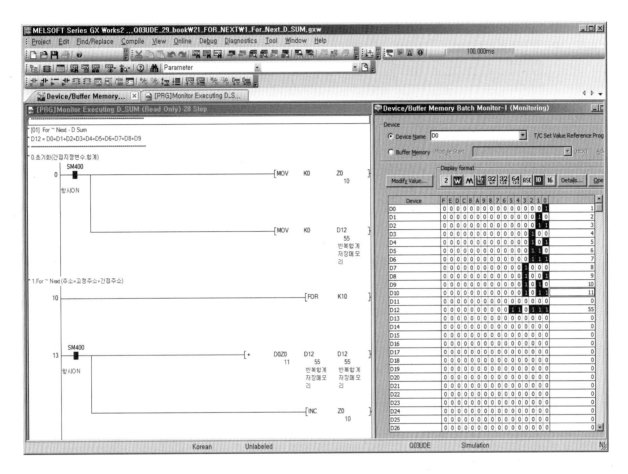

```
* ************************************************************
* [02] For ~ Next - M sum
* D00=M0~M15  D01=M16~M31 D02=M32~M47
* ************************************************************


* 0.초기화(간접지정변수,합계)
        SM400
0        ┤├─────────────────────────────────────────[MOV    K0        Z0      ]
       항시ON



                                                    ─────────[MOV    K0        Z1      ]

* 1.For ~ Next(주소=고정주소+간접주소)

10      ───────────────────────────────────────────[FOR    K3                ]

        SM400    SM400
13       ┤├───────┤├──────────────────────────────[SUM    K4M0Z0    D0Z1    ]
       항시ON    항시ON


                 SM400
                  ┤├──────────────────────[+      Z0        K16       Z0      ]
                항시ON



                                                    ─────[INC    Z1                ]

25      ───────────────────────────────────────────────[NEXT            ]

26      ───────────────────────────────────────────────[END             ]
```

* **

* [02] 실행화면

* **

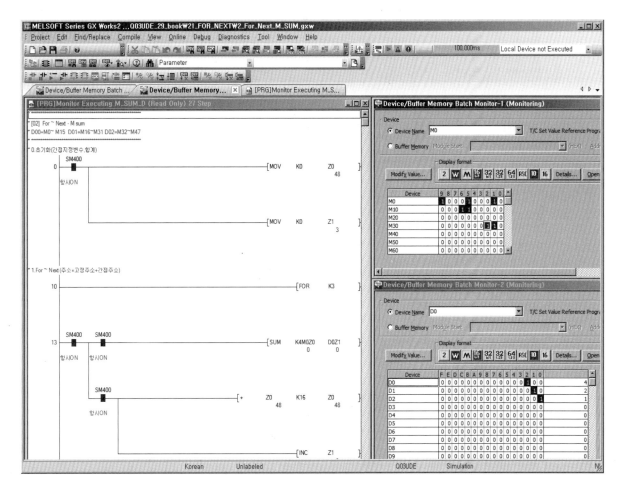

```
* **********************************************************
* [03] MC_MCR 내에서 FOR문 실행
* **********************************************************
```

* 1.시작스위치

```
        SM400      M80
  0 ─────┤├─────────┤├──────────────────────────────────────[PLS    M81  ]
        항시ON     시작스위                                            PLS
                   치
```

2.MC start

```
        M81
  8 ─────┤├──────────────────────────────────────────────[MC    N0    M82  ]
        PLS                                                          반복문內
                                                                     Flag

  N0 ── M82
        반복문內
        Flag
```

3.반복시작

```
 18 ──────────────────────────────────────────────────────[FOR    K5   ]

        SM400
 27 ─────┤├───────────────────────────────────────────────[INC    D81  ]
        항시ON

 30 ──────────────────────────────────────────────────────[NEXT       ]

 31 ──────────────────────────────────────────────────────[MCR    N0   ]
```

4.Reset

```
        SM400
 32 ─────┤├───────────────────────────────────────────────[RST    M80  ]
        항시ON                                                       시작스위
                                                                     치
```

5.검증

```
        SM400      M82
 40 ─────┤├─────────┤├─────────────────────────────────────[INC    D99  ]
        항시ON     반복문內
                   Flag

        ┌[>   D99    K99  ]────────────────────────[MOV   K0    D99  ]

 56 ──────────────────────────────────────────────────────[END        ]
```

지정 구간 반복

```
* ************************************************************
* [01] 지정 구간 반복-아날로그
* ************************************************************


* 1.시작신호생성/초기화
        SM400      L0
    0 ──┤├────────┤↑├──────────────────────────────────[SET    M0        ]
        항시ON    Start                                         Up

                  ┌───────────────────────────────────[RST    M10       ]
                  │                                            Down
                  │
                  L0
                  ┤/├──────────────────────────────────[MOV    K0    K4M0]
                  Start                                               Up

                  └───────────────────────────────────[MOV    K0    D5  ]
                                                                     메모리


* 2.숫자 증가,감소
        SM400     SM412    M0
   15 ──┤├───────┤├──────┤├───────────────────────────[INCP   D5        ]
        항시ON   1초클럭  Up                                   메모리

                          M10
                         ┤├───────────────────────────[DECP   D5        ]
                          Down                                 메모리


   3.방향전환신호생성
        SM400     L0
   26 ──┤├───────┤├──┬─[>    D5      K10 ]┐─────────────[RST    M0        ]
        항시ON   Start │         메모리          │                   Up
                      │                        │
                      │                        └──────[SET    M10       ]
                      │                                            Down
                      │
                      └─[<=   D5      K0  ]┐─────────────[SET    M0        ]
                                메모리          │                   Up
                                            │
                                            └──────[RST    M10       ]
                                                                Down


   51 ──────────────────────────────────────────────────[END       ]
```

* ***
* [02] 지정 구간 반복-비트
* ***

* 1.시작신호생성/초기화

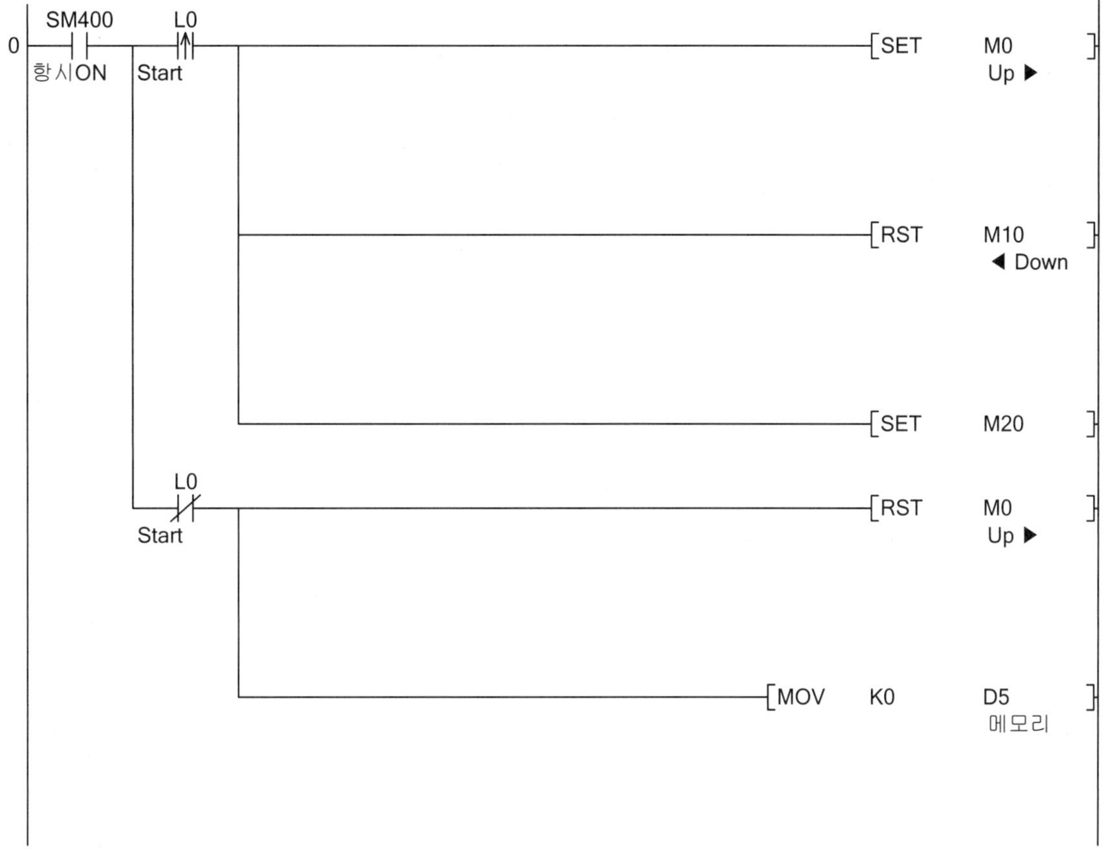

```
        SM400      L0
0  ├──┤├──────┤↑├───────────────────────────────[SET    M0
        항시ON     Start                                  Up ▶

                                                  ─[RST    M10
                                                          ◀ Down

                                                  ─[SET    M20

            L0
          ─┤/├──────────────────────────────────[RST    M0
            Start                                        Up ▶

                                              ─[MOV    K0    D5
                                                              메모리
```

* 2.방향전환신호생성

```
        SM400      SM412      M40
15      ─┤├──────┤↑├───────┤├──────────────────────────────[RST    M0
        항시ON    1초클럭                                            Up ▶

                                    ┌─────────────────────[SET    M1
                                                                   Down

                   M20
                   ─┤├──────────────────────────────────[SET    M0
                                                                  Up ▶

                                    ┌─────────────────────[RST    M1
                                                                   Down
```

3.숫자증가,감소(BSFL S n)

```
        SM400      SM412      M0
26      ─┤├──────┤↑├───────┤├──────────────────[BSFL    M20    K33
        항시ON    1초클럭   Up ▶

                   M1
                   ─┤├────────────────────────[BSFR    M20    K33
                   Down
```

```
53      ───────────────────────────────────────[END
```

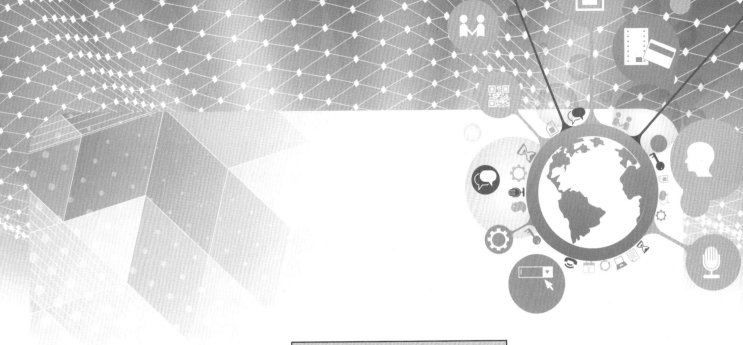

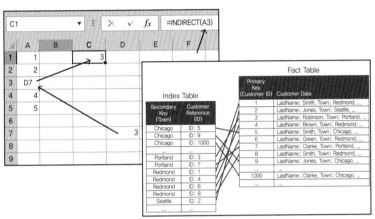

 간접 지정 인덱스 Z, @

1. 비트 간접 지정-Z사용/Z사용 응용/Z사용 AND연산(실행화면)

2. 아날로그 간접 지정-Z사용/@사용(실행화면)

```
* ************************************************************
* [01] 비트 간접 지정
* ************************************************************


* 1.간접지정을 위한 메모리/인덱스
        SM400
  0 ────┤├──────────────────────────────────[MOV    D0       Z0     ]
        항시ON



* 2.간접지정 비트(L0Z0 = L0 + Z0)
        SM400   M0
  7 ────┤├──┬──┤├──────────────────────────────────────(L0Z0   )
        항시ON │
               │
               │     M1
               ├────┤├─────────────────────────────────(L1Z0   )
               │
               │     M2
               ├────┤├─────────────────────────────────(L2Z0   )
               │
               │     M3
               ├────┤├─────────────────────────────────(L3Z0   )
               │
               │     M4
               ├────┤├─────────────────────────────────(L4Z0   )
               │
 24 ───────────┴──────────────────────────────────────[END     ]
```

* **
* [02] 비트 간접 지정 사용 가변 진행거리 감시
* **

* 1. 사용메모리 : L000부터 500개 사용하여 실시간 비트이동 모니터링
   투입감지시 On상태, 미투입시 Off상태로 이동(실사용시 SM412제거)

```
        SM400    SM412    B4      M1013                                      (L0      )
 0      ─┤├──────┤├──────┤├──────┤/├─────────────────────────────────────── Shift00
        항시ON   1초클럭  엔코더   투입센서

                                 ┌────────────────────────────[BSFLP  L0         K501  ]
                                                                      Shift00
```

* 2. 모니터 start 간접 위치 인덱스에 저장

```
        SM400                                              ─────────────────[MOV    D201       Z11   ]
47      ─┤├──────────────────────────────────────────────────────────────          시작위치
        항시ON
```

* 3. 간접지정 인덱스를 받아 비트설정(L100Z11 = L100 + Z11)
   Shift비트가 시작위치비트를 통과할 때 신호 설정

```
        SM400   L100Z11   W0.0                                              ─[SET    W0.0   ]
51      ─┤├──────┤↑├──────┤/├──────────────────────────────────────────────        Start 01
        항시ON   고정위치  Start 01
                 01
```

* 4.진행점검
   시작위치에서 On된 상태부터 엔코더 신호 받아 진행거리 누적
   진행거리가 설정거리보다 크면 초기화
   W0.0 = 감시중 신호

```
        SM400    W0.0     B4                                                ─[INCP   W1     ]
81      ─┤├──────┤├──────┤↑├──────────────────────────────────────────────         진행거리
        항시ON   Start 01  엔코더


                ┌[>=     W1        D213  ]────────────────────────────────[RST    W0.0   ]
                         진행거리   목표설정                                        Start 01
                                   값                │
                                                     │
                                                     └────────────────────[MOV    K0         W1    ]
                                                                                              진행거리


157     ────────────────────────────────────────────────────────────────[END    ]
```

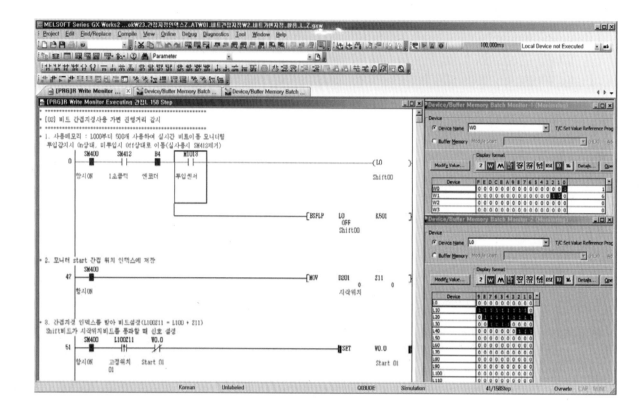

```
* **********************************************************
* [03] 간접지정 연산
* **********************************************************


* 간접지정
        SM400                                          ┌[MOV    K10      Z0      ]┐
   0    ──┤├──                                         └                         ┘
        항시ON


* 간접지정 AND연산
        SM400   M10                                    ┌[WAND   H1       K4M0Z0  ]┐
   7    ──┤├────┤↑├──                                  └                         ┘
        항시ON  │
                │
                │  M11                                 ┌[WAND   H2       K4M0Z0  ]┐
                ├──┤↑├──                               └                         ┘
                │
                │  M12                                 ┌[WAND   H4       K4M0Z0  ]┐
                ├──┤↑├──                               └                         ┘
                │
                │  M13                                 ┌[WAND   H8       K4M0Z0  ]┐
                └──┤↑├──                               └                         ┘


  29                                                   ┌[END                     ]┐
                                                       └                         ┘
```

```
* ***********************************************************
* [01] For ~ Next 명령으로 워드합계
* D10 = D0+D1+D2+D3+D4+D5+D6+D7+D8+D9
* ***********************************************************
```

* 0.초기화(간접지정변수,합계)

```
         SM400
    0 ───┤├──┬─────────────────────────────[MOV    K0       Z0    ]
         항시ON │
              │
              └─────────────────────────────[MOV    K0       D10   ]
```

* 1.For ~ Next(주소=고정주소+간접주소)

```
   10 ──────────────────────────────────────[FOR    K10   ]

         SM400
   13 ───┤├──┬──────────────────[+     D0Z0    D10      D10   ]
         항시ON │
              │
              └──────────────────────────────[INC    Z0    ]

   18 ──────────────────────────────────────[NEXT  ]
```

* 2.메모리 초기화

```
         SM400   L0
   19 ───┤├───┤├──┬──────────────[FMOV   K2     D0       K10   ]
         항시ON Reset │
                   │
                   └──────────────────────────[RST    L0    ]
                                                      Reset
```

참조:Word Sum

```
         SM400
   27 ───┤├────────────────────────[WSUM   D0     D12      K10   ]
         항시ON


   41 ──────────────────────────────────────[END   ]
```

```
* **************************************************************
* [02]  ADRSET(Address Set) 지정 후 사용
* 점유수 : 2워드
* **************************************************************


* 1. Address set, 간접지정주소 2워드 점유 [S D]
         SM400
    0 ───┤ ├──────────────────────────────────────────[ADRSET D10      D20      ]
        항시ON


    2. @D20의주소 = D20에저장된워드번호, 즉  D10
         SM400    SM411
    9 ───┤ ├──────┤ ├──────────────────────────────────────[INCP      @D20     ]
        항시ON    0.1초클럭


            ──[>        @D20      K99 ]────────────────────[MOV    K0      @D20     ]

    3. "D11" → W10에 저장한다음 @W10형식으로 D11사용
         SM400
   49 ───┤ ├──┬───────────────────────────────────────────[ADRSET D11      W10      ]
        항시ON │


               ├──[>        @W10      K9 ]─────────────────[MOV    K0      @W10     ]

              SM412
               ├───┤ ├─────────────────────────────────────[INCP      @W10     ]
              1초클럭


   94 ─────────────────────────────────────────────────────[END      ]
```

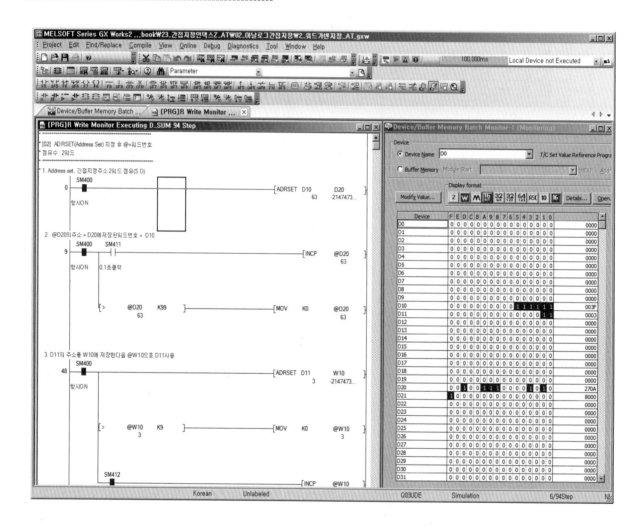

Servo motor, QD77MS4, 점유 슬롯 O2

1. 전기 도면

2. 사용한 파라메타 목록

3. 래더 프로그램(실행화면)

* 주) Mitsubishi "MELSEC-Q QD77MS형 심플모션 유닛 사용자 매뉴얼(위치결정 제어편)"을 참조하여
  프로그램을 작성했습니다.

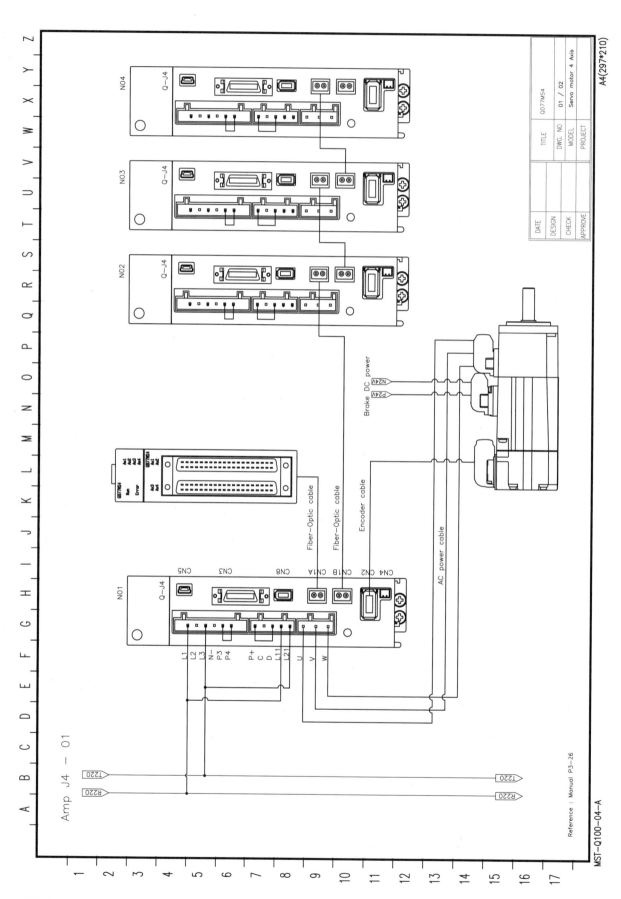

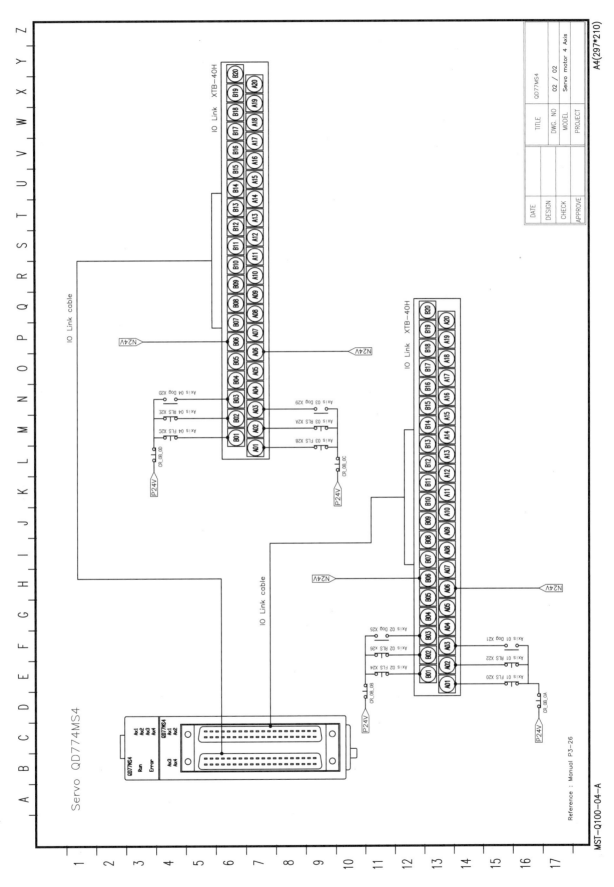

파라메타번호	내용
G0800	1축 현재위치
G0806	1축 에러번호
G0816	1축 입출력모니터
G0817	1축 상태모니터
G1500	1축 실행 패턴번호
G1502	1축 에러리셋
G1518	1축 조그속도
G1928 .0	1축 상리미트
G1928 .1	1축 하리미트
G1928 .2	1축 Dog
G2004	1축 패턴1번 속도
G2006	1축 패턴1번 위치
G2014	1축 패턴2번 속도
G2016	1축 패턴2번 위치

```
* ================================================================
* Title : 서보모타 제어 프로그램 - 축:01
* 위치결정UNIT : QD77MS4
* 서보앰프 : MELSERVO-J4(BUS TYPE)
* Slot number : 0
* 매뉴얼이름 : MELSEC-Q QD77MS형 심플모션 유닛 사용자 매뉴얼
* 입출력목록:P3-15
* ================================================================
* 처음시작시 원점완료 리셋, 서버동작 리셋
* Reference:매뉴얼 QD77MS_4축_심플모션카드, p81
* ============================================
```

```
        SM402
0       ─┤ ├──────────────────────────────────[RST    Y10
        Run후1스                                        1축위치결
        캔On                                            정기동


                                              [RST    L5040
                                                       ●1축_원
                                                       점완료저
                                                       장신호


        SM402
14      ─┤ ├──────────────────────────────────[RST    L5040
        Run후1스                                        ●1축_원
        캔On                                            점완료저
                                                       장신호
```

```
* ============================================
* 서보ON QD77MS - PA:1432 - 축제어카드 0-통상운전모드
* Reference:매뉴얼 QD77MS_4축_심플모션카드, p233
* ============================================
```

```
        SM400            U0W      L5026
16      ─┤ ├──[=  K0    G1432 ]──┤ ├───┬──────────(Y0  )
        항시ON           축제어카  1축sw_서 │          PLC read
                         드모드   보On    │          y
                                          │
                                          │   X0
                                          └──┤ ├─────(Y1  )
                                              QD77준비            전체서보
                                              완료               축 ON
```

```
* =================================================
* 1축상태 읽어서 모니터링
* 원점복귀가 성공하면 상태값은 16임(L5000~L5015) - 2byte
* 1축입출력 모니터링 L5016~L5023 - 1byte
* Reference:매뉴얼 QD77MS_4축_심플모션카드, p244
* Reference:매뉴얼 QD77MS_4축_심플모션카드, p242
   1축 : 816 /  817
   2축 : 916 /  917
   3축 : 1016 / 1017
   4축 : 1116 / 1117
* =================================================
```

```
        SM400
  29    ─┤├──┬─────────────────────────────[MOV   U0₩       K2L5016 ]
        항시ON │                                    G816      1축X_상한
               │                                    1축_입출   리미트-ㅣ
               │                                    력모니터
               │
               │
               └─────────────────────────────[MOV   U0₩       K4L5000 ]
                                                     G817      1축bf_속
                                                     1축상태    도제어중
```

```
* =====================================================
*    안전점검 : 서보모타 패턴이동용 입력위치 점검
* =====================================================
* 1.사용자와 무관하게 상한리미트 위치 강제지정으로 점검
   Upper limit/ Lower limit 점검
```

```
        SM400
  89    ─┤├──┬─[D>   D5018      K120000 ]────────────[DMOV  K1200      D5018   ]
        항시ON │       1축_진행                                         1축_진행
               │       LIMIT위치                                        LIMIT위치
               │
               │
               └─[D<   D5018      K-100000 ]──────────[DMOV  K0         D5018   ]
                       1축_진행                                         1축_진행
                       LIMIT위치                                        LIMIT위치
```

```
* 2.상한리미트위치 사용자설정값 점검
    2-1.사용자값변경시:사용자값>상한값 이면 사용자값=상한값
    2-2.상한값변경시:상한값>사용자값 이면 사용자값=상한값
```

```
        SM400
  127   ─┤├──[D>   D5006      D5018 ]───────────────[DMOV  D5018      D5006   ]
        항시ON      1축_패턴    1축_진행                     1축_진행    1축_패턴
                   2위치       LIMIT위치                     LIMIT위치   2위치
```

* 3.작업위치패턴2 실시간으로 상한리미트 초과 감시-패턴1번 감시안함
  참조:JOG+는 직접출력에서 인터록, JOG-는 0이상적용

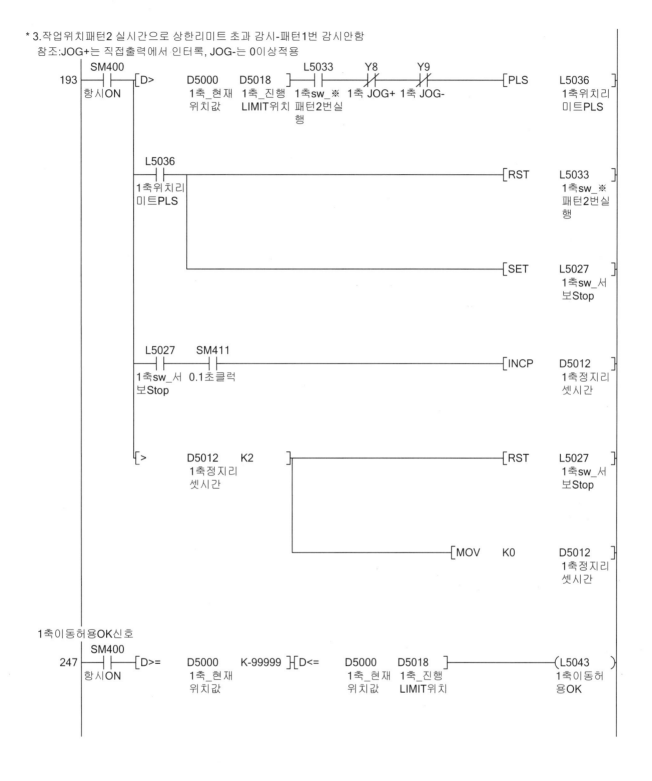

193 ──SM400── ─[D> D5000   D5018]──L5033──Y8──Y9──────────[PLS L5036]
   항시ON   1축_현재 1축_진행   1축sw_※ 1축 1축   1축위치리
               위치값   LIMIT위치 패턴2번실 JOG+ JOG-   미트PLS
                                 행

        ──L5036──────────────────────────────────────[RST L5033]
          1축위치리   1축sw_※
          미트PLS   패턴2번실
                                                        행

                    ────────────────────────────────[SET L5027]
                                                        1축sw_서
                                                        보Stop

        ──L5027──SM411───────────────────────────────[INCP D5012]
          1축sw_서 0.1초클럭   1축정지리
          보Stop   셋시간

        ─[> D5012   K2]────────────────────────[RST L5027]
             1축정지리   1축sw_서
             셋시간   보Stop

                              ───────────────────────[MOV K0 D5012]
                                                            1축정지리
                                                            셋시간

1축이동허용OK신호
247 ──SM400──[D>= D5000   K-99999]─[D<= D5000   D5018]────────(L5043)
   항시ON   1축_현재   1축_현재 1축_진행   1축이동허
                 위치값   위치값   LIMIT위치   용OK

```
* ===========================================
* 1축 에러리셋 - PA1502에 1 전송
* 1축 에러번호 알림
* Error reset : Continuous reset is impossible.
* Reference:매뉴얼 QD77MS_4축_심플모션카드, p270
    1축 : 1502
    2축 : 1602
    3축 : 1702
    4축 : 1802
* ===========================================
        SM400   SM400   L5029                              U0\
  267    ┤├      ┤├      ┤├              ────────[MOVP  K1   G1502 ]
        항시ON   항시ON  1축sw_에                           1축_에러
                        러리셋                              리셋

                                        ────────[RST        Y10  ]
                                                            1축위치결
                                                            정기동

                SM400   L5029                              U0\
                 ┤├      ┤/├             ────────[MOVP  K0   G1502 ]
                항시ON   1축sw_에                           1축_에러
                        러리셋                              리셋

* Reference:매뉴얼 QD77MS_4축_심플모션카드, p803
    1축 : 806
    2축 : 906
    3축 : 1006
    4축 : 1106
        SM400                                   U0\
  321    ┤├                       ────[MOV  G806     D5010 ]
        항시ON                              1축_에러   1축_에러
                                            번호       번호

* ===========================================
* 1축 현재위치 모니터링 PA:800번
* Reference:매뉴얼 QD77MS_4축_심플모션카드, p238
    1축 : 800
    2축 : 900
    3축 : 1000
    4축 : 1100
* ===========================================
        SM400                                   U0\
  357    ┤├                       ────[DMOV  G800    D5000 ]
        항시ON                              1축_현재   1축_현재
                                            위치값     위치값
```

* ===
* 현재위치를 패턴2번의 목표위치로 적용

```
      SM400      X0C      L5035                                    ┌DMOVP  D5000    D5006  ┐
396 ──┤├────────┤/├───────┤↑├─────────┬──────────────────────────┤       1축_현재   1축_패턴 │
      항시ON    1축Busy   1축sw_패     │                           └       위치값    2위치   ┘
                          편2번목표     │
                          위치변경      │
                                       │                          ┌RST    L5035         ┐
                                       └──────────────────────────┤       1축sw_패       │
                                                                  └       편2번목표       ┘
                                                                          위치변경
```

* ===
* 1축 서보정지
* Reference:매뉴얼 QD77MS_4축_심플모션카드, p81
  1축 : Y4
  2축 : Y5
  3축 : Y6
  4축 : Y7
* ===

```
      L5027                                                                      (Y4   )
404 ──┤├──────┬──────────────────────────────────────────────────────────────── 1축정지
      1축sw_서 │
      보Stop  │
              │                                                  ┌RST    Y10          ┐
              └──────────────────────────────────────────────────┤       1축위치결    │
                                                                 └       정기동        ┘
```

* ===
* 1축 JOG 운전속도설정 및 조그운전
  1축 조그속도 : PA1518
  가.조그속도점검. 적정속도 자동 점검

```
      SM400    ┌D<     D5008    K100  ┐                          ┌DMOV   K1000    D5008  ┐
439 ──┤├───────┤       1축_조그        ├────┬─────────────────────┤                1축_조그 │
      항시ON   └       속도           ┘    │                     └                속도    ┘
              ┌D>     D5008    K90000┐    │
              ┤       1축_조그        ├────┘
              └       속도           ┘
```

나.리미트없이는 조그운전못함

```
        SM400    L5016
487 ─────┤├───────┤/├──────────────────────────────────[RST  L5030 ]
        항시ON   1축X_상한                                      1축sw_조
                리미트-|                                        그+

                 L5017
                ──┤/├──────────────────────────────────[RST  L5031 ]
                1축X_|-하                                       1축sw_조
                한리미트                                        그-
```

* ==
* 다.조그운전스위치
* Reference:매뉴얼 QD77MS_4축_심플모션카드, p278
   1축 : 1518
   2축 : 1618
   3축 : 1718
   4축 : 1818

```
        SM400    L5030                                              U0₩
510 ─────┤├───────┤├───────────────────────[DMOVP  D5008     G1518 ]
        항시ON   1축sw_조                              1축_조그   1축_조그
                그+                                    속도       속도

                 L5031
                ──┤├──
                1축sw_조
                그-
```

* 2.Jog+실행
* 가.스위치에 의해서 실행
* 나.상한리미트에의해서 차단됨
* Reference:매뉴얼 QD77MS_4축_심플모션카드, p81
   1축 : Y8
   2축 : YA
   3축 : YC
   4축 : YE

```
        SM400    L5030     Y9     L5016                                     (Y8
553 ─────┤├───────┤├───────┤/├──────┤/├──[D<  D5000    D5018 ]──────────────( )
        항시ON   1축sw_조  1축 JOG-  1축X_상한       1축_현재   1축_진행          1축 JOG+
                그+                 리미트-|          위치값    LIMIT위치
```

* 3.Jog-실행
* 가.스위치에 의해서 실행
* 나.하한리미트에의해서 차단됨
* Reference:매뉴얼 QD77MS_4축_심플모션카드, p81
   1축 : Y9
   2축 : YB
   3축 : YD
   4축 : YF

```
        SM400    L5031     Y8      L5017
589     ─┤ ├─────┤ ├──────┤/├─────┤ ├────[D>      D5000    K-100000    ]──────────(Y9      )
        항시ON   1축sw_조  1축 JOG+ 1축X_│-하            1축_현재                        1축 JOG-
                 그-                한리미트             위치값
```

* ==
* 1축 원점복귀 PA:1500에 9001 전송 - 원점복귀실행
* PA1500 - 패턴번호 실행
* 9001 - 원점복귀
* Reference:매뉴얼 QD77MS_4축_심플모션카드, p270
   1축 : 1500
   2축 : 1600
   3축 : 1700
   4축 : 1800
* 1.유효성검사-리미트 해제시 이동못함
* 2.Busy상태에서는 실행못함

```
        SM400    L5028     L5016
626     ─┤ ├─────┤↑├──┬───┤/├──────────────────────────────────[SET    L5028   ]
        항시ON   1축sw_원 │  1축X_상한                                         1축sw_원
                 점복귀   │  리미트-│                                          점복귀
                         │
                         │   L5017
                         ├───┤/├──
                         │  1축X_│-하
                         │  한리미트
                         │
                         │   X0C
                         └───┤ ├──
                            1축Busy
```

* 2.원점복귀실행 펄스로 신호 입력할것 PLS

```
        SM400    L5028                                              U0₩
670  ────┤├──────┤├─────────────────────────────────[MOV  K9001  G1500 ]
        항시ON   1축sw_원                                          1축패턴실
                점복귀                                            행번호

                        └──────────────────────────────[SET  Y10 ]
                                                               1축위치결
                                                               정기동
```

* 3.정지

```
        SM400    Y10      X10
680  ────┤├──────┤├───────┤├────────────────────────────[RST  Y10 ]
        항시ON   1축위치결 1축기동완                              1축위치결
                정기동    료                                     정기동

                 L5004
                ──┤↑├──
                1축bf_원
                점복귀완
                료
```

* 4.Signal 원점진행중에있음 신호생성

```
        SM400    L5003
687  ────┤├──────┤↑├─────────────────────────────────────[RST  L5039 ]
        항시ON   1축bf_원                                          1축_원점
                점복귀요                                          진행중▷
                구
                        └────────────────────────────────[RST  L5040 ]
                                                                 ●1축_원
                                                                 점완료저
                                                                 장신호

                 L5003    L5040    X0C      L5028
                ──┤├──────┤╱├──────┤╱├──────┤├──────────[SET  L5039 ]
                1축bf_원   ●1축_원  1축Busy  1축sw_원              1축_원점
                점복귀요   점완료저           점복귀               진행중▷
                구        장신호

                 L5039    L5004
                ──┤├──────┤↑├─────────────────────────────[SET  L5040 ]
                1축_원점   1축bf_원                                ●1축_원
                진행중▷   점복귀완                                点완료저
                          료                                     장신호

                        └────────────────────────────────[RST  L5039 ]
                                                                 1축_원점
                                                                 진행중▷
```

```
* ===================================================
* 1축 패턴위치1  PA:1500에 1 전송
*  PA1500 - 패턴번호 실행
* 1 - 패터번호1번 실행
* Reference:매뉴얼 QD77MS_4축_심플모션카드, p270
* 1축정지:입력접점4번 사용, 릴레이필요
* 1.유효성검사-리미트 해제시 이동못함
* 2.Busy상태에서는 실행못함
* 3.원점완료 전에는 패턴이동 못함
```

```
        SM400      L5032      L5016                                          ┌RST   L5032  ┐
704   ──┤├────────┤/├────────┤/├────────────────────────────────────────────┤      1축sw_※│
        항시ON     1축sw_※    1축X_상한                                         패턴1번실 │
                   패턴1번실   리미트-|                                            축·│
                   행         L5017
                             ──┤/├──
                               1축X_|-하
                               한리미트
                               X0C
                             ──┤├──
                               1축Busy
                               L5040
                             ──┤├──
                               ●1축_원
                               점완료저
                               장신호
```

```
* 2.①Speed, ②Position setting
        SM400      L5032                                                U0₩
723   ──┤├────────┤├───────────────────────────────────────┌DMOVP  D5002    G2004  ┐
        항시ON     1축sw_※                                    1축_패턴  패턴1번속 │
                   패턴1번실                                   공통속도  도    │
                   행                                                U0₩
                  └───────────────────────────────────────┌DMOVP  D5004    G2006  ┐
                                                             1축_패턴  패턴1위치 │
                                                             1위치
```

```
* 3. Run Pattern 01
        SM400      X0C        L5032                              U0₩
734   ──┤├────────┤/├────────┤├──────────────────────┌MOV   K1   G1500  ┐
        항시ON     1축Busy    1축sw_※                          1축패턴실 │
                             패턴1번실                          행번호
                             행
                            └──────────────────────────────────┌SET   Y10    ┐
                                                                1축위치결 │
                                                                정기동
```

```
* 4.Stop
        SM400      Y10        X10        X0C                              ┌RST   Y10    ┐
745   ──┤├────────┤├────────┤├────────┤/├────────────────────────────────┤      1축위치결│
        항시ON     1축위치결   1축기동완  1축Busy                                정기동 │
                   정기동     료
                             X8
                           ──┤├──
                             1축Error
                             검출
```

* ==
* 1축 패턴위치2 PA:1500에 2 전송
* PA1500 - 패턴번호 실행
* 2 - 패턴번호2번 실행
* Reference:매뉴얼 QD77MS_4축_심플모션카드, p270
* 1축정지:입력접점4번 사용, 릴레이필요
* 1.유효성검사-리미트 해제시 이동못함
* 2.Busy상태에서는 실행못함
* 3.원점완료 전에는 패턴이동 못함

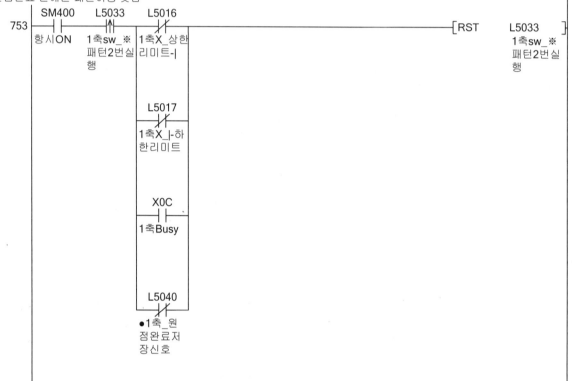

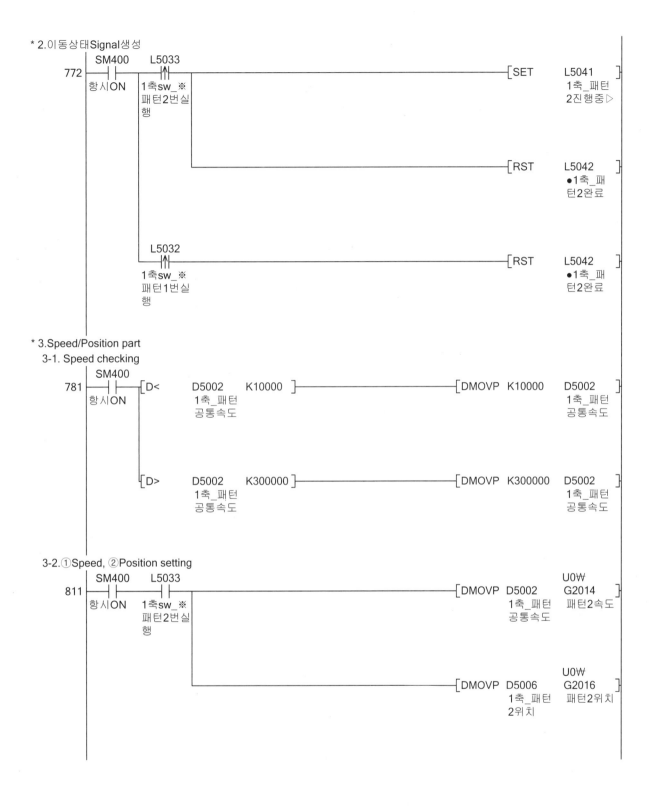

* 2.이동상태Signal생성

772 ──┤SM400├──┤L5033├─────────────────────────────[SET L5041]
       항시ON   ↑   1축_패턴
               1축sw_※   2진행중▷
               패턴2번실
               행

                                        ─────────────[RST L5042]
                                                       ●1축_패
                                                       턴2완료

       ──┤L5032├────────────────────────────────────[RST L5042]
          ↑   ●1축_패
          1축sw_※   턴2완료
          패턴1번실
          행

* 3.Speed/Position part
3-1. Speed checking

781 ──┤SM400├──[D< D5002   K10000]──────[DMOVP K10000   D5002]
       항시ON   1축_패턴   1축_패턴
                  공통속도   공통속도

              ──[D> D5002   K300000]─────[DMOVP K300000 D5002]
                     1축_패턴   1축_패턴
                     공통속도   공통속도

3-2.①Speed, ②Position setting

811 ──┤SM400├──┤L5033├──────────────────[DMOVP D5002   U0₩]
       항시ON   ↑   G2014
               1축sw_※   1축_패턴   패턴2속도
               패턴2번실   공통속도
               행

                              ──────────[DMOVP D5006   U0₩]
                                                         G2016
                                            1축_패턴   패턴2위치
                                            2위치

* 4. Run Pattern 02

```
        SM400    X0C      L5033                                    U0₩
839 ─┤├──────┤/├──────┤├───────────────────────────[MOV  K2     G1500 ]
      항시ON   1축Busy  1축sw_※                                  1축패턴실
                      패턴2번실                                    행번호
                      행
                                    ├──────────────────────[SET    Y10  ]
                                                                  1축위치결
                                                                  정기동
```

* 5.Stop

```
        SM400    Y10      X10      X0C
850 ─┤├──────┤├───┬───┤├───┤/├──────────────────────[RST    Y10  ]
      항시ON   1축위치결 │  1축기동완 1축Busy                      1축위치결
              정기동  │  료                                     정기동
                    │
                    │     X8
                    └───┤├───
                          1축Error
                          검출
```

* 6.Signal 패턴 2번위치에 있음 신호

```
        SM400    L5041    X14
858 ─┤├──────┤├──────┤↑├─────────────────────────[RST    L5041 ]
      항시ON   1축_패턴  1축위치결                                1축_패턴
              2진행중▷  정완료                                   2진행중▷

                                    ├──────────────────────[SET    L5042 ]
                                                                  ●1축_패
                                                                  턴2완료
```

서보모타 설정시 Detailed pratameter1. 80번 외부접점사용시
Use Buffer Memory of QD77MS

```
        B600
864 ─┤├─────────────────────────────────────────────(U0₩G1928.0 )
      상리미트                                          상리미트
      1                                                1

        B601
915 ─┤├─────────────────────────────────────────────(U0₩G1928.1 )
      하리미트                                          하리미트
      1                                                1

        B602
919 ─┤├─────────────────────────────────────────────(U0₩G1928.2 )
      Dog1                                             Dog1

923 ─────────────────────────────────────────────────[END   ]
```

```
* **********************************************************
* [03] 실행화면
* **********************************************************
```

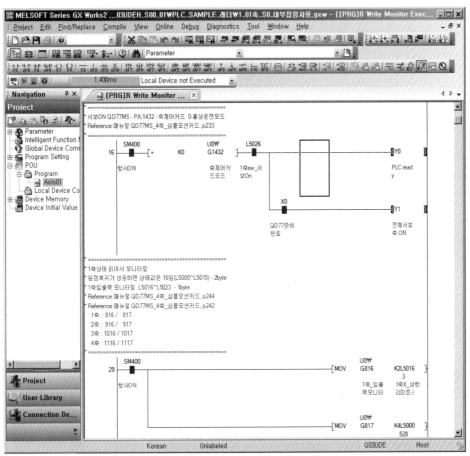

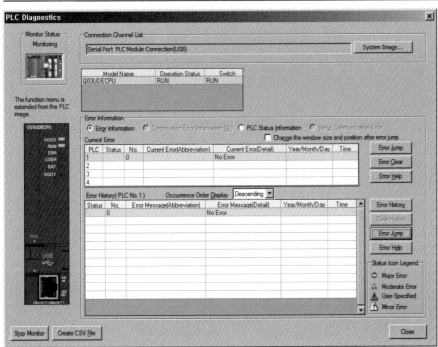

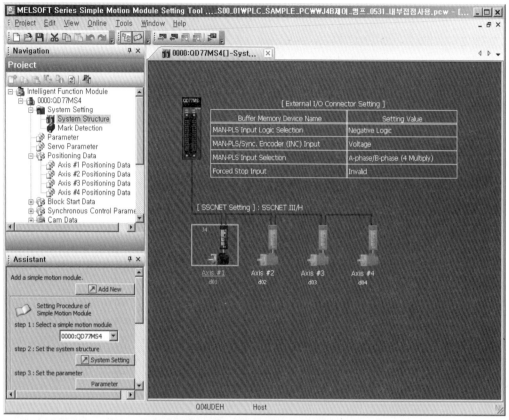

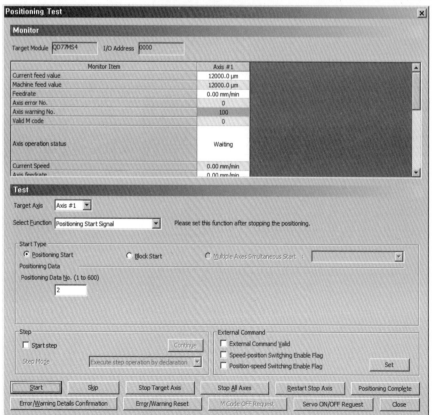

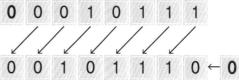

 순차제어

* **
* [01] 순차제어, 비트쉬프트 M00~M31, 32개
* 응용:자동시작상태에서 입력이 감지되면 순차적인 Bit on
* 자동시작상태에서 일정시간 입력이 없으면 순차비트Off
* **

* 1.비트쉬프트

```
      SM400   M112    X3      T1                                              (M0    )
   0  ┤├      ┤├      ┤├      ┤/├                                              shift00
      항시ON  자동시작 입력센서  입력대기
                              타이머
                      M1
                      ┤├
                      shift01

                      M0      T1      SM412                        [BSFLP  M0        K32  ]
                      ┤├      ┤/├     ┤├                                   shift00
                      shift00  입력대기  1초클럭
                              타이머

              M112    X3      M31                                              K100
              ┤├      ┤/├     ┤├                                              (T1    )
              자동시작  입력센서  shift_la                                         입력대기
                              st                                              타이머

                      T1                                           [DMOV   K0        K8M0 ]
                      ┤├                                                             shift00
                      입력대기
                      타이머

                                                                  [MOV    T1        D3   ]
                                                                         입력대기   자동대기
                                                                         타이머    경과시간
```

* 2. 결과 확인

```
      SM400   M1    M2    M2    M3    M4    M5    M6    M7    M8    M9
  39  ┤├     ┤├    ┤├    ┤├    ┤├    ┤├    ┤├    ┤├    ┤├    ┤├    ┤├   (M900 )
      항시ON  shift01

              M20   M21   M22   M23   M24   M25   M26   M27   M28   M29
              ┤├    ┤├    ┤├    ┤├    ┤├    ┤├    ┤├    ┤├    ┤├    ┤├

              M30   M31   M32   M0
              ┤├    ┤├    ┤├    ┤├
                    shift_la      shift00
                    st

  69                                                               [END  ]
```

192 · PLC 프로그램 실전 연습문제집

```
* ************************************************************
* [02] 반복 왕복-비트
* ************************************************************


* 1.시작신호생성/초기화
        SM400      L0
0 ───┤ ├────┤↑├─────────────────────────[SET    M0    ]
       항시ON   Start                                   Up ▶

                  │
                  ├────────────────────────[RST    M10   ]
                  │                                 ◀ Down
                  │
                  └─────────────────────────[MOV   K7   K1M20 ]

                L0
          ────┤/├──────────────────────────[MOV   K0   K1M20 ]
              Start
                  │
                  └─────────────────────────[MOV   K0   D5    ]
                                                        메모리
```

* 2.방향전환 신호생성

```
     SM400    M40
19 ──┤├───────┤├──────────────────────────────────────[RST    M0
     항시ON                                                   Up ▶

                        ┌──────────────────────────────[SET    M1
                        │                                      Down

              M20
          ────┤├─────────────────────────────────────[SET    M0
                                                              Up ▶

                        ┌──────────────────────────────[RST    M1
                        │                                      Down
```

3. [BSFL S n]

```
     SM400    SM411    M0
29 ──┤├───────┤↑├───────┤├─────────────────────────[BSFL    M20      K33
     항시ON    0.1초클럭  Up ▶

                        M1
                    ────┤├──────────────────────────[BSFR    M20      K33
                        Down
```

```
50 ───────────────────────────────────────────────────────────[END
```

 ## 수치 체계(Numerical Value System)

1. Decimal, 십진수

가.크기 : 0,1,2,3,4,5,6,7,8,9

나.가중치 : 10^n

다.예

2	1	0	
2	2	2	
10^2	10^1	10^0	
100	10	1	
2×10^2	2×10^1	2×10^0	
200	20	2	222

2. Binary, 2진수

가.크기 : 0,1

나.가중치 : 2^n

다.예

7	6	5	4	3	2	1	0	
1	0	0	1	1	1	0	1	
2^7	2^6	2^5	2^4	2^3	2^2	2^1	2^0	
128	64	32	16	8	4	2	1	
1×128	0×64	0×32	1×16	1×8	1×4	0×2	1×1	
128			16	8	4		1	157

3. Hexadecimal, 16진수

가.크기 : 0,1,2,3,4,5,6,7,8,9,A,B,C,D,E,F

나.가중치 : 16^n

다.예

3	2	1	0	
4	A	9	D	
16^3	16^2	16^1	16^0	
4096	256	16	1	
4×4096	10×256	9×16	13×1	
16384	2560	144	13	19101

4. BCD(Binary Coded Decimal, 2진화 10진수, nibble단위로 0~9까지 표시)

3	2	1	0	3	2	1	0	3	2	1	0	3	2	1	0
0	0	1	0	0	0	1	0	0	0	1	0	0	0	1	0
2^3	2^2	2^1	2^0	2^3	2^2	2^1	2^0	2^3	2^2	2^1	2^0	2^3	2^2	2^1	2^0
8	4	2	1	8	4	2	1	8	4	2	1	8	4	2	1
0×8	0×4	1×2	0×1	0×8	0×4	1×2	0×1	0×8	0×4	1×2	0×1	0×8	0×4	1×2	0×1
0	0	2	0	0	0	2	0	0	0	2	0	0	0	2	0
			2				2				2				2

5. 부호표시

최상위 비트 : 0 - 양수, 1 - 음수

양수범위=2^0 + 2^1 + ~ 2^14 = 32,767(정방향)   음수범위=양수범위 + 최상위비트1= 32,768(역방향)

16	15	14	13	12	11	10	9	8	7	6	5	4	3	2	1	
15	14	13	12	11	10	9	8	7	6	5	4	3	2	1	0	
2^{15}	2^{14}	2^{13}	2^{12}	2^{11}	2^{10}	2^9	2^8	2^7	2^6	2^5	2^4	2^3	2^2	2^1	2^0	
32768	16384	8192	4096	2048	1024	512	256	128	64	32	16	8	4	2	1	
0	1	1	1	1	1	1	1	1	1	1	1	1	1	1	1	32,767
1	1	1	1	1	1	1	1	1	1	1	1	1	1	1	1	=32,767+1=-32,768

6. Bit, Nibble(4 bits), Byte(8 bits), Word(16 bits), DWord(32 bits), QWord(64 bits)

Address mapping reference table

Qword	Dword	MW	Word	Byte	Byte
0	0	0	0	1	0
		2	1	3	2
	1	4	2	5	4
		6	3	7	6
1	2	8	4	9	8
		10	5	11	10
	3	12	6	13	12
		14	7	15	14
2	4	16	8	17	16
		18	9	19	18
	5	20	10	21	20
		22	11	23	22
3	6	24	12	25	24
		26	13	27	26
	7	28	14	29	28
		30	15	31	30
4	8	32	16	33	32
		34	17	35	34
	9	36	18	37	36
		38	19	39	38

Legend

Type	Data type
Bit	
Nibble	
Byte	Short Integer
Word	Integer
Dword	Double Integer
Qword	Long Integer

Bit table

15	14	13	12	11	10	9	8	Bit	7	6	5	4	3	2	1	0
F	E	D	C	B	A	9	8		7	6	5	4	3	2	1	0
15	14	13	12	11	10	9	8		7	6	5	4	3	2	1	0
31	30	29	28	27	26	25	24		23	22	21	20	19	18	17	16
47	46	45	44	43	42	41	40		39	38	37	36	35	34	33	32
63	62	61	60	59	58	57	56		55	54	53	52	51	50	49	48
79	78	77	76	75	74	73	72		71	70	69	68	67	66	65	64
95	94	93	92	91	90	89	88		87	86	85	84	83	82	81	80
111	110	109	108	107	106	105	104		103	102	101	100	99	98	97	96
127	126	125	124	123	122	121	120		119	118	117	116	115	114	113	112
143	142	141	140	139	138	137	136		135	134	133	132	131	130	129	128
159	158	157	156	155	154	153	152		151	150	149	148	147	146	145	144
175	174	173	172	171	170	169	168		167	166	165	164	163	162	161	160
191	190	189	188	187	186	185	184		183	182	181	180	179	178	177	176
207	206	205	204	203	202	201	200		199	198	197	196	195	194	193	192
223	222	221	220	219	218	217	216		215	214	213	212	211	210	209	208
239	238	237	236	235	234	233	232		231	230	229	228	227	226	225	224
255	254	253	252	251	250	249	248		247	246	245	244	243	242	241	240
271	270	269	268	267	266	265	264		263	262	261	260	259	258	257	256
287	286	285	284	283	282	281	280		279	278	277	276	275	274	273	272
303	302	301	300	299	298	297	296		295	294	293	292	291	290	289	288
319	318	317	316	315	314	313	312		311	310	309	308	307	306	305	304

```
* ************************************************************
* [01] 數值體系
* ************************************************************


1.숫자변경, 변경범위 Int16
       SM400      M0
   0 ───┤├───────┤├────[> 　 D1 　 K32767 ]─────────────[MOV 　 K0 　 D1 ]
       항시ON


                       SM411
                   ───┤├─────────────────────────────────[INCP 　 D1 ]
                   0.1초클럭



               M1
           ───┤├────[< 　 D1 　 K-32768 ]─────────────[MOV 　 K0 　 D1 ]
           신호02


                       SM411
                   ───┤├─────────────────────────────────[DECP 　 D1 ]
                   0.1초클럭



2.숫자 전송
       SM400
 101 ───┤├───────────────────────────────────[MOV 　 D1 　 K4B0 ]
       항시ON



 112 ──────────────────────────────────────────────────[END ]
```

* ***
* [01] 실행화면
* ***

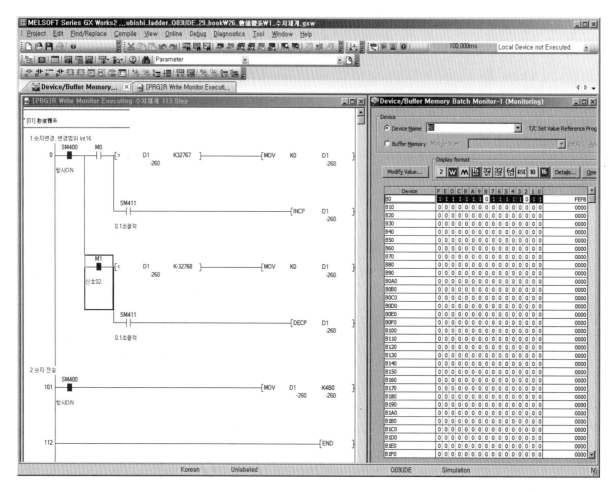

아날로그값 출력에 전송

1. 아날로그값 출력에 전송

```
* ***********************************************************
* [27] 아날로그값을 출력에 전송
* ***********************************************************

       SM400      M0      SM412
   0 ──┤├────┬───┤├──────┤├─────────────────────────────[INCP    D1        ]
      항시ON  │           1초클럭
             │
             │
             │
             ├──────────────────────────────────────────[MOV     D1    K4Y10 ]
             │
             │ ┌>     D1      K255  ┐───────────────────[MOV     K0      D1   ]
             └─┤                    ├

* FMOV [S D n]
       SM400      M2
  17 ──┤├────────┤├───────────────────────────────[FMOV    K0      D0    K10  ]
      항시ON


       SM400      M3
  24 ──┤├────────┤├───────────────────────────────[FMOV    K0    K4Y0    K10  ]
      항시ON


숫자값과 DECO결과값 보기
       SM400
  30 ──┤├─────────────────────────────────────────[DECO    D1      Y30    K8   ]
      항시ON



  49 ─────────────────────────────────────────────────────────────[END      ]
```

 적재 시스템

1. 센서 배치도

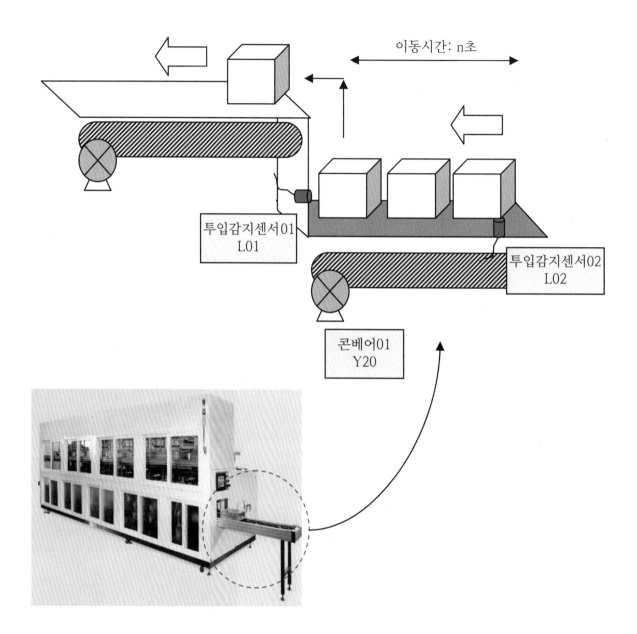

이동시간: n초

투입감지센서01
L01

투입감지센서02
L02

콘베어01
Y20

```
* *********************************************************
* [28] 적재 시스템
* *********************************************************

1.콘베어 구동신호 생성/리셋
        SM400  SM400   L1      L2
     0 ──┤├────┤├─────┤/├─────┤├──────────────────────[PLS   M9    ]
        항시ON  항시ON  ●-○적재  ○-●투입                            pls
                      감지     감지

                        M9
                      ──┤├───────────────────────────[SET   M20   ]
                       pls                                 콘베어구
                                                           동신호

               SM400    L1
              ──┤├─────┤↑├──────────────────────────[RST   M20   ]
               항시ON  ●-○적재                             콘베어구
                       감지                                동신호

        SM400   L1     M20                                     K50
    34 ──┤├────┤/├────┤├─────────────────────────────────(T1    )
        항시ON  ●-○적재 콘베어구                                   자동투입
               감지     동신호

                 T1
               ──┤↑├────────────────────────────────[RST   M20   ]
               자동투입                                   콘베어구
                                                         동신호

        SM400   M20
    45 ──┤├────┤├──────────────────────────────────────(Y20   )
        항시ON  콘베어구                                       콘베어
               동신호

    48 ────────────────────────────────────────────────[END   ]
```

Memo

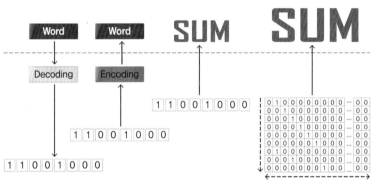

 Word sum, Bit sum, Decoding, Encoding

1. 워드썸, 비트썸(실행화면)

2. DECO, ENCO(실행화면)

```
* ************************************************************
* [01] Word, Bit 합
* ************************************************************


* 1.워드합계(WSUM) [S D n]
        SM400
    0 ──┤├──────────────────────────────────────[WSUM   D0      D22      K20  ]
       항시ON



* 2.비트합계(SUM)
        SM400
    9 ──┤├──────────────────────────────────────[SUM    K4L0    D50  ]
       항시ON



* 3. 데이타 삭제 FMOV
         M9
   14 ──┤├───┬──────────────────────────────[FMOV   K0      D0       K20  ]
       Reset │
             │
             │
             │
             └───────────────────────────────[RST    M9   ]
                                                     Reset



   21 ─────────────────────────────────────────────────────[END  ]
```

* **
* [01] 실행화면
* **

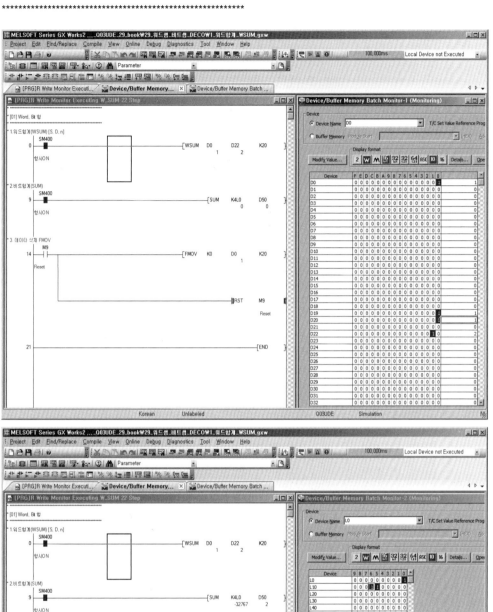

```
* ************************************************************
* [02] DECO
* ************************************************************


* 1. DECO [S D n] 범위:2^8 = 0~255
* D의 S번째 비트 On
         SM400
    0 ───┤├──────────────────────────────────[DECO   D0      M0      K8    ]
        항시ON


* 2. ENCO [S D n]
* S워드의 최상위 On비트번호를 D에 저장
         SM400
   10 ───┤├───[>    K4L0    K0    ]────────────[ENCO   L0      D2      K4    ]
        항시ON



   20 ─────────────────────────────────────────────────────────────[END    ]
```

```
* **********************************************************
* [02] 실행화면
* **********************************************************
```

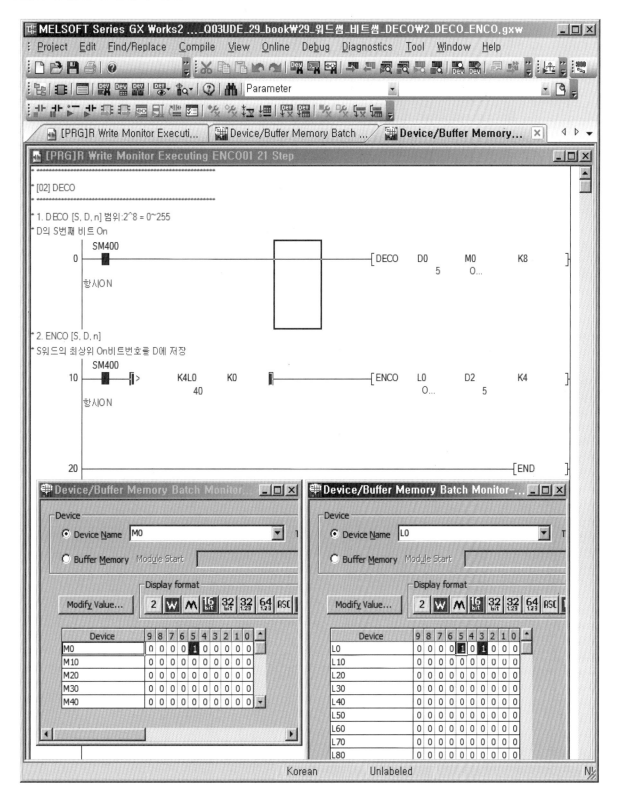

 PLC 자체 통신 생존신호 생성

```
* ************************************************************
* [30] PLC 자체 통신 생존신호 생성
* ************************************************************


* 시나리오
* 1.HMI로부터 10초 간격으로 10을 전송받는다.
* 2.PLC에서는 매초마다 1씩 감소시킨다.
* 3.HMI에서 전송이 없으면 PLC에서는 0 이하로 줄어든다.
* 4.음수가 되면 PLC자체적으로 생성한 HMI통신 단절상태이다.

      SM400   SM412                                          ┌[DECP    D7    ]┐
  0 ───┤├──────┤├──────────────────────────────────────────┤         급여통장 │
      항시ON   1초클럭


        ┌[<      D7      K0   ]┐                                       (L49    )
        │       급여통장         │                                       통신단절
                                                                        신호


 18 ─────────────────────────────────────────────────────────────[END    ]

```

 사용 도움말

01. 단축키

쓰기모드	: 시작	Shift + F3
	: 종료	F2

모니터모드	: 시작	F3

콤멘트 삽입
: Edit/Documentation/Device comment
: Edit/Documentation/Statement
: Edit/Documentation/Note
: 프로젝트탐색기/Parameter/Global Device Comment 창 호출 후 편집

편집내용 컴파일 : F4

한줄 삽입 : Shift + Insert
한줄 삭제 : Shift + Del

Ctrl + 방향키	: 토글형식의 라인 삽입, 삭제	
세로줄 삽입	: Ctrl + ▼▲	Shift + F9
세로줄 삭제	: Ctrl + ▼▲	Ctrl + F10
가로줄 편집	: Ctrl + ◀▶	

실행 중 접점 변경 : Shift + Enter, Shift+Double click

Device모니터링 : 마우스 오른쪽/Online/Device/Buffer Memory Batch Monitor

02. 컴파일(F4)이 안될 때

Tool/Option/Online Change

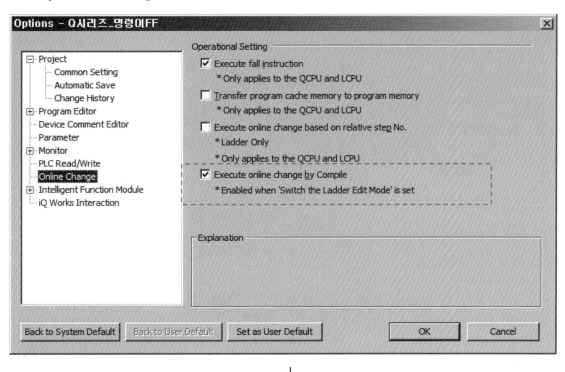

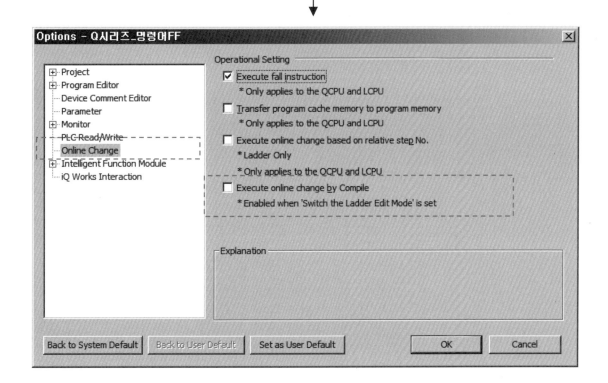

03. 래더 접점수 변경

Tool/Option/Program Editor/Ladder Diagram/

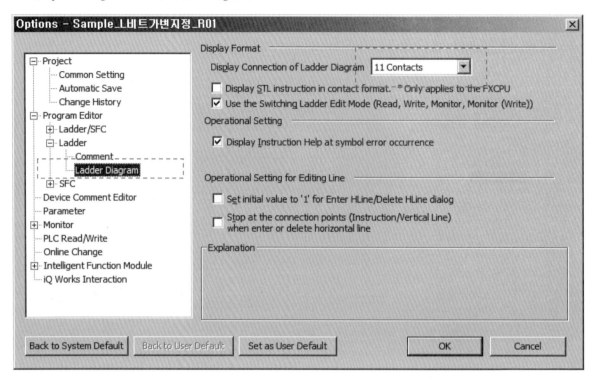

04. 래더 접점 입력 후 콤멘트 바로 입력

Tool/Option/Program Editor/Ladder/SFC/Device

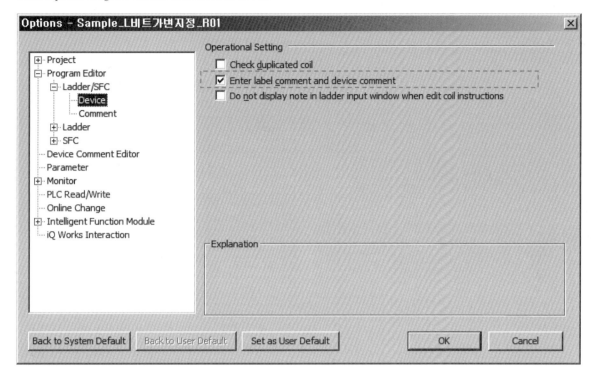

05. CiMON과 Q03UDE 접속

1.PLC설정(ip:100.100.100.10)

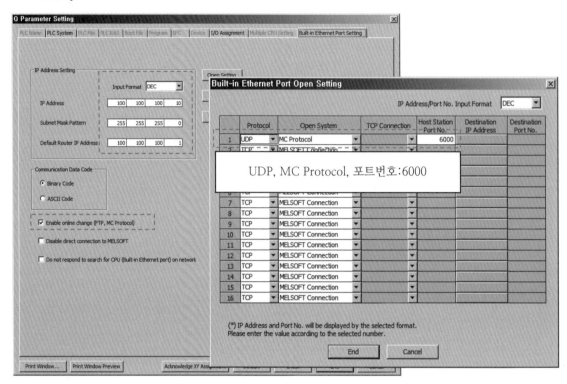

2.CiMON설정(ip:100.100.100.6)

06. 파라메타 편집했음 표시

파라메타 미편집상태-주황색, 편집상태-청색

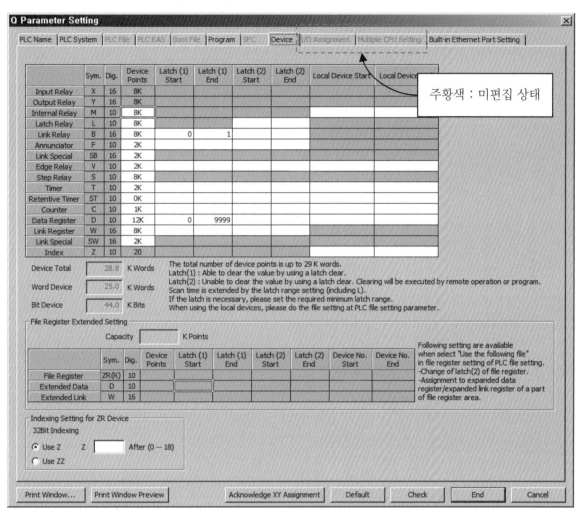

Q Parameter Setting

PLC Name | PLC System | PLC File | PLC RAS | Boot File | Program | SFC | Device | I/O Assignment. | Multiple CPU Setting | Built-in Ethernet Port Setting

	Sym.	Dig.	Device Points	Latch (1) Start	Latch (1) End	Latch (2) Start	Latch (2) End	Local Device Start	Local Device
Input Relay	X	16	8K						
Output Relay	Y	16	8K						
Internal Relay	M	10	8K						
Latch Relay	L	10	8K						
Link Relay	B	16	8K	0	1				
Annunciator	F	10	2K						
Link Special	SB	16	2K						
Edge Relay	V	10	2K						
Step Relay	S	10	8K						
Timer	T	10	2K						
Retentive Timer	ST	10	0K						
Counter	C	10	1K						
Data Register	D	10	12K	0	9999				
Link Register	W	16	8K						
Link Special	SW	16	2K						
Index	Z	10	20						

주황색 : 미편집 상태

Device Total 28.8 K Words
Word Device 25.0 K Words
Bit Device 44.0 K Bits

The total number of device points is up to 29 K words.
Latch(1) : Able to clear the value by using a latch clear.
Latch(2) : Unable to clear the value by using a latch clear. Clearing will be executed by remote operation or program.
Scan time is extended by the latch range setting (including L).
If the latch is necessary, please set the required minimum latch range.
When using the local devices, please do the file setting at PLC file setting parameter.

File Register Extended Setting

Capacity [ ] K Points

	Sym.	Dig.	Device Points	Latch (1) Start	Latch (1) End	Latch (2) Start	Latch (2) End	Device No. Start	Device No. End
File Register	ZR(R)	10							
Extended Data	D	10							
Extended Link	W	16							

Following setting are available when select "Use the following file" in file register setting of PLC file setting.
-Change of latch(2) of file register.
-Assignment to expanded data register/expanded link register of a part of file register area.

Indexing Setting for ZR Device
32Bit Indexing
⊙ Use Z   Z [ ]   After (0 ~ 18)
○ Use ZZ

Print Window... | Print Window Preview | Acknowledge XY Assignment | Default | Check | End | Cancel

07. Builtin 이더넷 로더 접속

MELSOFT Connection 설정 후 사용 가능.

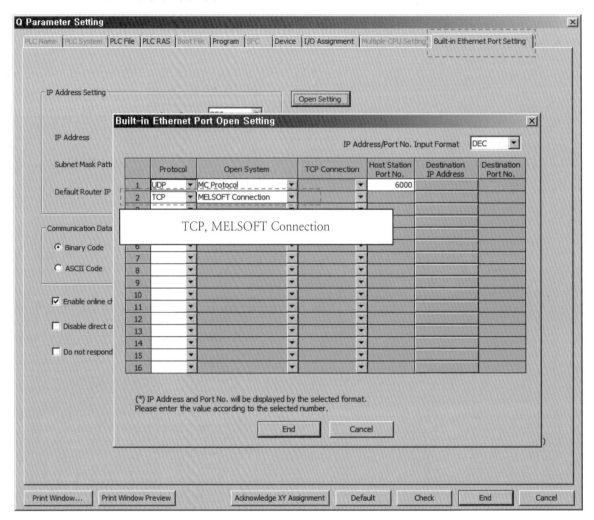

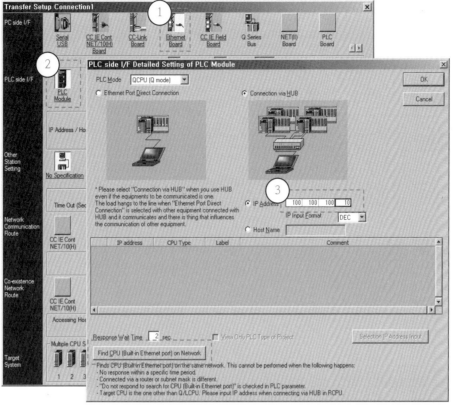

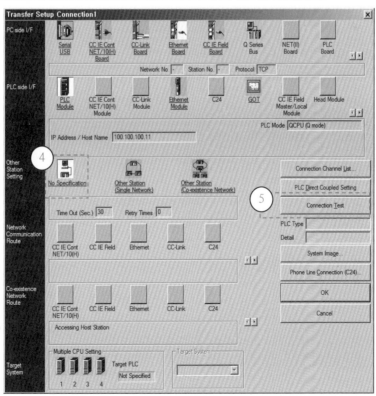

Index 찾·아·보·기

집필진

| 김성철
대한상공회의소 인력개발원 교수
sckim@korcham.net
http://cn.korchamhrd.net/

| 임근호
㈜엠에스티시스템 대표이사
limgh805@hanmail.net
http://www.mstsys.com

| 최민환
한국폴리텍대학 인천캠퍼스
전기에너지시스템 교수
vtwonju@kopo.ac.kr
https://incheon.kopo.ac.kr/

PLC 프로그램 실전 연습문제집

2020. 2. 28. 1판 1쇄 인쇄
2020. 3. 5. 1판 1쇄 발행

지은이 | 임근호, 김성철, 최민환
펴낸이 | 이종춘
펴낸곳 | **BM** (주)도서출판 **성안당**

주소 | 04032 서울시 마포구 양화로 127 첨단빌딩 3층(출판기획 R&D 센터)
10881 경기도 파주시 문발로 112 출판문화정보산업단지(제작 및 물류)

전화 | 02) 3142-0036
031) 950-6300

팩스 | 031) 955-0510
등록 | 1973. 2. 1. 제406-2005-000046호
출판사 홈페이지 | **www.cyber.co.kr**
ISBN | 978-89-315-3283-8 (13560)
정가 | 28,000원

저자와의
협의하에
검인생략

이 책을 만든 사람들

책임 | 최옥현
진행 | 최창동
본문 디자인 | 방영미
표지 디자인 | 박원석
홍보 | 김계향
국제부 | 이선민, 조혜란, 김혜숙
마케팅 | 구본철, 차정욱, 나진호, 이동후, 강호묵
제작 | 김유석